10 일에 완성하는 도형 계산 총정리

바빠
연산법
시리즈

징검다리 교육연구소 지음

# 바쁜

## 초등학생을 위한

# 빠른 평면도형 계산

개념부터
활용까지!

한 권으로
총정리!

• 평면도형의 기초
• 둘레와 넓이
• 원주와 원의 넓이

이지스에듀

지은이 징검다리 교육연구소

징검다리 교육연구소는 바쁜 친구들을 위한 빠른 학습법을 연구하는 이지스에듀의 공부 연구소입니다.
아이들이 기계적으로 공부하지 않도록, 두뇌가 활성화되는 과학적 학습 설계가 적용된 책을 만듭니다.

바빠 연산법 - 10일에 완성하는 영역별 연산 시리즈
## 바쁜 초등학생을 위한 빠른 평면도형 계산

초판 발행 2022년 5월 25일
초판 5쇄 2024년 8월 30일
지은이 징검다리 교육연구소
발행인 이지연
펴낸곳 이지스퍼블리싱(주)
출판사 등록번호 제313-2010-123호
주소 서울시 마포구 잔다리로 109 이지스빌딩 5층(우편번호 04003)
대표전화 02-325-1722          팩스 02-326-1723
이지스퍼블리싱 홈페이지 www.easyspub.com      이지스에듀 카페 www.easysedu.co.kr
바빠 아지트 블로그 bolg.naver.com/easyspub      인스타그램 @easys_edu
페이스북 www.facebook.com/easyspub2014      이메일 service@easyspub.co.kr

본부장 조은미      기획 및 책임 편집 김현주 | 박지연, 정지연, 이지혜      원고 구성 송민진      교정 교열 방혜영      문제 검수 김해경
표지 및 내지 디자인 정우영, 손한나      그림 김학수, 이츠북스      전산편집 이츠북스      인쇄 보광문화사
영업 및 문의 이주동, 김요한(support@easyspub.co.kr)      마케팅 라혜주      독자 지원 박애림, 김수경

ISBN 979-11-6303-356-1   64410
ISBN 979-11-6303-253-3(세트)
가격 12,000원

### 알찬 교육 정보도 만나고 출판사 이벤트에도 참여하세요!

1. 바빠 공부단 카페
cafe.naver.com/easyispub

2. 인스타그램
@easys_edu

3. 카카오 플러스 친구
이지스에듀 검색!

• **이지스에듀**는 이지스퍼블리싱의 교육 브랜드입니다.
(이지스에듀는 아이들을 탈락시키지 않고 모두 목적지까지 데려가는 책을 만듭니다!)

# "펑펑 쏟아져야 눈이 쌓이듯, 공부도 집중해야 실력이 쌓인다."

## 교과서 집필 교수, 영재교육 연구소, 수학 전문학원, 명강사들이 적극 추천하는 '바빠 연산법'

'바빠 연산법' 시리즈는 학생들이 수학적 개념의 이해를 통해 수학적 절차를 터득하도록 체계적으로 구성한 책입니다.

김진호 교수(초등 수학 교과서 집필진)

한 영역의 계산을 체계적으로 배치해 놓아 학생들이 '끝을 보려고 달려들기'에 좋은 구조입니다. 계산 속도와 정확성을 완벽한 경지로 올려 줄 것입니다.

김종명 원장(분당 GTG수학 본원)

사칙 연산과 달리 도형 계산은 이해를 통한 접근이 중요합니다. '바빠 평면도형 계산'은 도형의 이해부터 시작해 적절한 반복을 통한 접근으로 아이들에게 쉽고 재미있는 도형 교재가 될 것입니다!

한정우 원장(일산 잇츠수학)

이 책은 도형과 수의 연결을 통해 기하의 수학적 의미를 발견하고 논리적으로 생각하는 사고력을 배울 수 있어 적극 추천합니다!

박지현 원장(대치동 현수학학원)

도형 계산이 힘든 이유가 무엇일까요? 이해하지 못하고 공식으로 암기만 했기 때문입니다. 친절한 개념 설명이 담긴 '바빠 평면도형 계산'으로 점, 선, 면의 기초부터 평면도형의 심화 문제까지 완성할 수 있을 것입니다.

김민경 원장(동탄 더원수학)

초등 과정의 평면도형이 한자리에 모두 모였네요. 이 책은 초등 과정에서 꼭 알아야 할 평면도형의 필수 개념과 계산 문제가 모두 정리되어 있네요. 도형을 어렵게 생각했던 친구들에게 자신감을 갖게 해 줄 '바빠 평면도형 계산'을 추천합니다.

남신혜 선생(서울 아카데미 학원)

친절한 개념 설명과 문제 풀이 비법까지 담겨 있어 연산 실력을 단기간에 끌어올릴 수 있는 최고의 교재입니다. 수학의 기초가 부족한 고학년 학생에게 '강추'합니다.

정경이 원장(하늘교육 문래학원)

'바빠 연산법' 시리즈는 수학적 사고 과정을 온전하게 통과하도록 친절하게 안내하는 길잡이입니다. 이 책을 끝낸 학생의 연필 끝에는 연산의 정확성과 속도가 장착되어 있을 거예요!

호사라 박사(분당 영재사랑 교육연구소)

# 고학년 도형의 시작
# '평면도형 계산'을 탄탄하게!

## 평면도형의 개념 이해부터 활용 문제까지 한 권으로 끝낸다!

**모든 학생이
어려워하는
도형 계산!
왜 어려울까?**

사칙 연산 문제는 척척 잘 푸는 친구도 도형 계산은 어려워하는 경우가 많습니다. 왜 그럴까요? 도형 계산 문제를 풀어내려면, 도형의 정의와 그 특징들을 토대로 공식을 대입해야 하기 때문입니다.

도형은 그 어떤 영역보다 더 많은 용어와 공식을 담고 있습니다. 따라서 도형 공부를 할 때는 공식만을 달달 외워 푸는 것이 아니라, 그 공식이 어떻게 나왔는지 원리부터 이해한 다음 문제에 적용하는 것에 익숙해져야 합니다.

**도형 계산을
잘하려면
어떻게 해야 할까?**

초등 수학에서 본격적인 도형은 3학년 때부터 나옵니다. 3학년 때 도형의 이름과 특징을 배우고, 4학년부터 본격적으로 도형의 계산을 배우지요. 또 평면도형을 기반으로 6학년이 되면 입체도형을 배웁니다.

도형 계산을 잘하고 싶다면 점, 선, 면의 기초부터 평면도형의 심화 문제에 이르기까지 여러 학년에 걸쳐 뜨문뜨문 배웠던 부분을 하나로 묶어 정리해 보세요!

이 책은 3학년 때 배우는 '평면도형의 기초'부터 4학년의 '삼각형, 사각형, 다각형', 5학년의 '다각형의 둘레와 넓이' 그리고 6학년의 '원의 둘레와 넓이'까지 조각조각 흩어진 초등 수학의 평면도형 내용을 한 권에 담았습니다. 문제를 풀기 전 친절한 설명으로 개념을 쉽게 이해하고, 충분한 연산 훈련으로 조금씩 어려워지는 문제에 도전합니다. 특히, 학생들이 가장 어려워하지만, 시험에 꼭 나오는 문장제 문제와 단계적으로 푸는 활용 문제까지 다뤄 학교 시험에도 대비할 수 있습니다.

**초등 도형으로 중학 수학 절반의 기초를 다질 수 있다!**

초등 수학은 크게 수 연산과 도형으로 나누어져 있습니다. 중학 수학 역시 1학기는 수 연산 영역, 2학기는 도형(기하) 영역입니다. 또 중학 수학에서 사용되는 도형의 기초와 기본 공식은 모두 초등 수학에서 배웁니다. 따라서 초등학교 때 도형의 기초를 탄탄하게 다지지 않으면 중학 수학의 반을 포기하는 것과 같습니다.

그러므로 선행보다 더 중요한 부분이 바로 도형을 초등학교 때 확실히 알고 넘어가는 것입니다.

**탄력적 훈련으로 진짜 실력을 쌓는 효율적인 학습법!**

'바빠 평면도형 계산'은 단기간 탄력적 훈련으로 같은 시간을 들여도 더 효율적인 진짜 실력을 쌓는 학습법을 제시합니다.

간단한 연습만으로 충분한 단계는 빠르게 확인하고 넘어가고, 더 많은 학습량이 필요한 단계는 충분한 훈련이 가능하도록 확대하여 구성했습니다. 또한, 하루에 2~3단계씩 10~20일 안에 풀 수 있도록 구성하여 단기간 집중적으로 학습할 수 있습니다. 집중해서 공부하면 전체 맥락을 쉽게 이해할 수 있어서 한 권을 모두 푸는 데 드는 시간도 줄어들고, 펑펑 쏟아져야 눈이 쌓이듯, 실력도 차곡차곡 쌓입니다.

이 책으로 평면도형을 이해하고 평면도형의 계산까지 집중해서 연습하면 초등 도형의 기초를 슬기롭게 마무리하고 입체도형도, 2학기 중학 수학도 잘하는 계기가 될 것입니다.

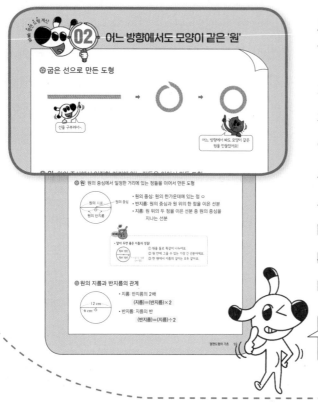

## 선생님이 바로 옆에 계신 듯한 설명

### 무조건 풀지 않는다!
### 개념을 보고 '느낌 알면서~.'

개념을 바르게 이해하지 못한 채 생각 없이 문제만 풀다 보면 어느 순간 벽에 부딪힐 수 있어요. 기초 체력을 키우려면 영양소를 골고루 섭취해야 하듯, 도형 계산도 훈련 과정에서 개념과 원리를 함께 접해야 기초를 건강하게 다질 수 있답니다.

오호! 제목만 읽어도 개념이 쏙쏙~.

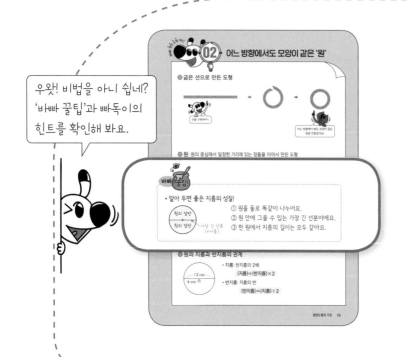

우왓! 비법을 아니 쉽네? '바빠 꿀팁'과 빠독이의 힌트를 확인해 봐요.

### 책 속의 선생님!
### '바빠 꿀팁'과 빠독이의 힌트로
### 선생님과 함께 푼다!

문제를 풀 때 알아두면 좋은 꿀팁부터 실수를 줄여주는 꿀팁까지! '바빠 꿀팁'과 책 곳곳에서 알려주는 빠독이의 힌트로 쉽게 이해하고 풀 수 있어요. 마치 혼자 푸는데도 선생님이 옆에 있는 것 같은 기분!

## 종합 선물 같은 훈련 문제

### 실력을 쌓아 주는
### 바빠의 '작은 발걸음' 방식!

쉬운 내용은 빠르게 학습하고, 어려운 부분은 더 많이 훈련하도록 구성해 학습 효율을 높였어요. 또한 조금씩 수준을 높여 도전하는 바빠의 '작은 발걸음 방식(small step)'으로 몰입도를 높였어요.

느닷없이 어려워지지 않으니 끝까지 풀 수 있어요~.

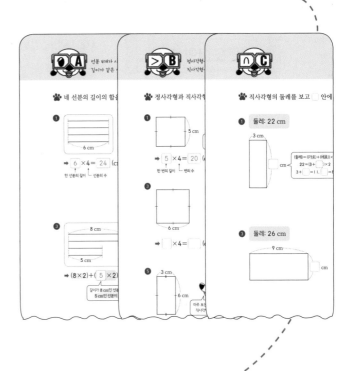

### 생활 속 언어로 이해하고,
### 활용 문제도 한 단계씩 풀어
### 해결하니 자신감이 저절로!

단순 계산력 문제만 연습하고 끝나지 않아요. 개념을 한 번 더 정리해 최종 점검할 수 있는 쉬운 문장제 문제와 활용 문제도 한 단계씩 풀어 해결할 수 있는 단계 문제로 완벽하게 자신의 것으로 만들어요!

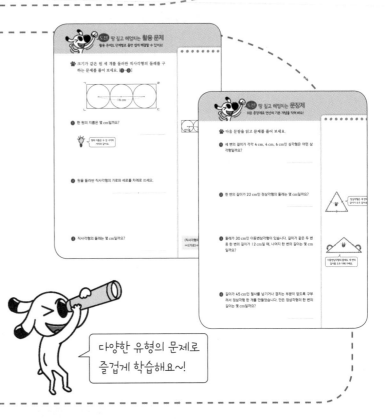

다양한 유형의 문제로 즐겁게 학습해요~!

# 바쁜 초등학생을 위한 빠른 평면도형 계산

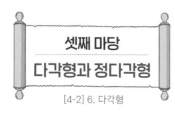
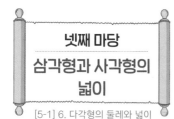
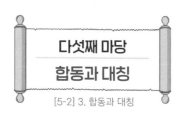
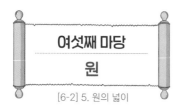
\* '바빠 평면도형 계산'으로 공부한 후 '바빠 입체도형 계산'에 도전하세요!

## 고학년을 위한 10분 **진단 평가**

이 책은 5학년 수학 공부를 마친 친구들이 푸는 것이 좋습니다.
공부 진도가 빠른 4학년 학생 또는 도형 계산이 헷갈리는 6학년 학생에게도 권장합니다.

내 실력은 어느 정도일까?　　　　　　　　진단할 시간이 부족할 때

10분 진단　　　　　　　　　　　　　　　5분 진단

짝수 문항만
풀어 보세요~.

평가 문항: 20문항　　　　　　　　　　　평가 문항: 10문항

아직 5학년 공부를 시작하지 않은
학생은 풀지 않아도 됩니다.

➡ 바로 20일 진도로 진행!

학원이나 공부방 등에서
진단 시간이 부족할 때 사용!

⏰ 시계가 준비됐나요?

자! 이제 제시된 시간 안에 진단 평가를 풀어 본 후
12쪽의 '권장 진도표'를 참고하여 공부 계획을 세워 보세요.

<br />

**평면도형 계산 진단 평가**   4~6학년 과정

🐾 둔각삼각형에는 '둔', 예각삼각형에는 '예'를 쓰세요.

① 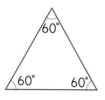          (          )

②           (          )

🐾 각도의 합과 차를 구하세요.

③ 45°+30°=

④ 75°+85°=

⑤ 150°−55°=

⑥ 210°−175°=

🐾 원의 지름 또는 반지름을 구하세요.

⑦ 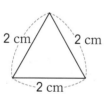 ➡ 지름:

⑧ 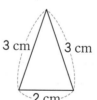 ➡ 반지름:

🐾 둘레를 구하시오.

⑨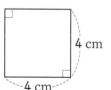

⑩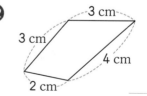

⑪ 

⑫

약점을 찾은 다음
공부 계획을 세우는 거야~.

바빠

🐾 넓이를 구하세요.

⑬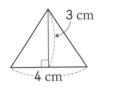

_____

⑭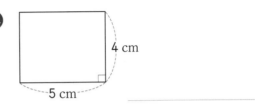

_____

⑮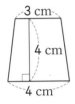

_____

⑯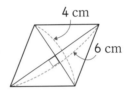

_____

🐾 원주를 구하세요. (원주율: 3)

⑰

_____

⑱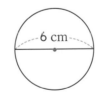

_____

🐾 원의 넓이를 구하세요. (원주율: 3)

⑲

_____

⑳

_____

# 나만의 공부 계획을 세워 보자

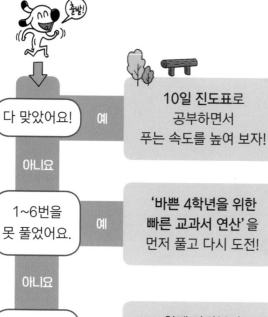

다 맞았어요! — **예** → 10일 진도표로 공부하면서 푸는 속도를 높여 보자!

**아니요**

1~6번을 못 풀었어요. — **예** → '바쁜 4학년을 위한 빠른 교과서 연산'을 먼저 풀고 다시 도전!

**아니요**

7~16번에 틀린 문제가 있어요. — **예** → 첫째 마당부터 차근차근 풀어 보자! **20일 진도표**로 공부 계획을 세워 보자!

**아니요**

17~20번에 틀린 문제가 있어요. — **예** → 단기간에 끝내는 **10일 진도표**로 공부 계획을 세워 보자!

## 권장 진도표

| ★ | 20일 진도 | 10일 진도 |
|---|---|---|
| 1일 | 01 | 01~02 |
| 2일 | 02 | 03~04 |
| 3일 | 03 | 05~07 |
| 4일 | 04 | 08~10 |
| 5일 | 05 | 11~12 |
| 6일 | 06 | 13~15 |
| 7일 | 07 | 16~17 |
| 8일 | 08 | 18 |
| 9일 | 09~10 | 19~20 |
| 10일 | 11 | 21 |
| 11일 | 12 | |
| 12일 | 13 | |
| 13일 | 14 | |
| 14일 | 15 | |
| 15일 | 16 | |
| 16일 | 17 | |
| 17일 | 18 | |
| 18일 | 19 | |
| 19일 | 20 | |
| 20일 | 21 | |

야호! 총정리 끝!

## 진단 평가 정답

① 예    ❷ 둔    ③ 75°    ❹ 160°    ⑤ 95°    ❻ 35°

⑦ 4 cm    ❽ 3 cm    ⑨ 6 cm    ❿ 8 cm    ⑪ 16 cm    ⑫ 12 cm

⑬ 6 cm²    ⑭ 20 cm²    ⑮ 14 cm²    ⑯ 12 cm²    ⑰ 12 cm    ⑱ 18 cm

⑲ 27 cm²    ⑳ 12 cm²

12

# 첫째 마당

# 평면도형의 기초

첫째 마당에서는 평면도형의 기초인 삼각형, 사각형, 원 그리고 각도를 배워요. 삼각형과 사각형의 특징을 알아보고, 원은 삼각형, 사각형과 어떤 부분이 다른지 확인해 봐요. 자연수의 계산과 똑같은 방법인 각도의 계산도 즐겁게 학습해 봐요!

| | 공부할 내용! | 완료 | 10일 진도 | 20일 진도 |
|---|---|---|---|---|
| 01 | 4개의 곧은 선으로 만든 도형 '사각형' | ✔ | 1일차 | 1일차 |
| 02 | 어느 방향에서도 모양이 같은 '원' | ☐ | | 2일차 |
| 03 | 직각보다 크면 둔각, 작으면 예각 | ☐ | 2일차 | 3일차 |
| 04 | 도형의 내각의 크기의 합은 일정해 | ☐ | | 4일차 |

# 4개의 곧은 선으로 만든 도형 '사각형'

## ☆ 4개의 곧은 선으로 만든 도형

선분 4개를 이어 붙여서~.

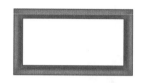

사각형을 만들었어요!

## ☆ 네 각이 모두 직각인 사각형

↳ 90°인 각

• 직사각형

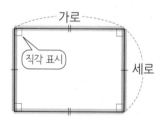

가로

직각 표시

세로

- 네 각이 모두 직각입니다.
- 마주 보는 두 변의 길이가 같습니다.

(직사각형의 둘레)=((가로)+(세로))×2

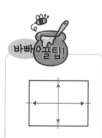

바빠! 꿀팁!

길이가 같은 변은 서로 같은 기호로 표시해요.

• 정사각형

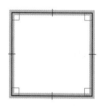

- 네 각이 모두 직각입니다.
- 네 변의 길이가 모두 같습니다.

(정사각형의 둘레)=(한 변의 길이)×4

직사각형만 들어갈 수 있어!

둘 다 통과~!

정사각형만 들어갈 수 있어!!

넌 정사각형이 아니야.

선분 4개가 사각형을 만드는 재료가 될 거예요.
길이가 같은 선분의 개수를 이용해 길이의 합을 구해 봐요.

🐾 네 선분의 길이의 합을 구하는 식을 쓰고 답을 구하세요.

①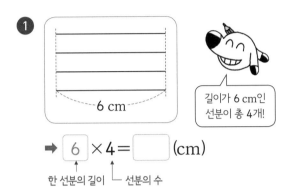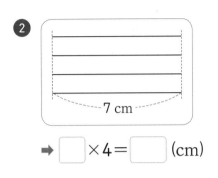

6 cm

길이가 6 cm인
선분이 총 4개!

➡ $\boxed{6} \times 4 = \boxed{\phantom{00}}$ (cm)

한 선분의 길이 ── 선분의 수

② 7 cm

➡ $\boxed{\phantom{0}} \times 4 = \boxed{\phantom{00}}$ (cm)

③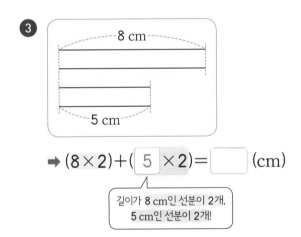

8 cm

5 cm

➡ $(8 \times 2) + (\boxed{5} \times 2) = \boxed{\phantom{00}}$ (cm)

길이가 8 cm인 선분이 2개,
5 cm인 선분이 2개!

④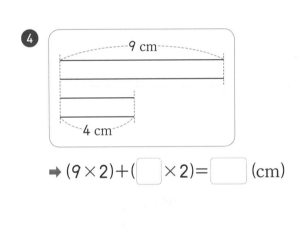

9 cm

4 cm

➡ $(9 \times 2) + (\boxed{\phantom{0}} \times 2) = \boxed{\phantom{00}}$ (cm)

⑤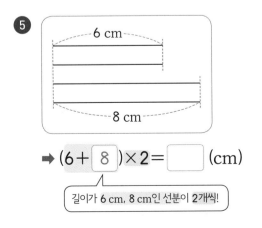

6 cm

8 cm

➡ $(6 + \boxed{8}) \times 2 = \boxed{\phantom{00}}$ (cm)

길이가 6 cm, 8 cm인 선분이 2개씩!

⑥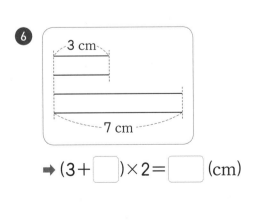

3 cm

7 cm

➡ $(3 + \boxed{\phantom{0}}) \times 2 = \boxed{\phantom{00}}$ (cm)

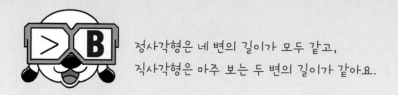

정사각형은 네 변의 길이가 모두 같고,
직사각형은 마주 보는 두 변의 길이가 같아요.

🐾 정사각형과 직사각형의 둘레를 구하는 식을 쓰고 답을 구하세요.

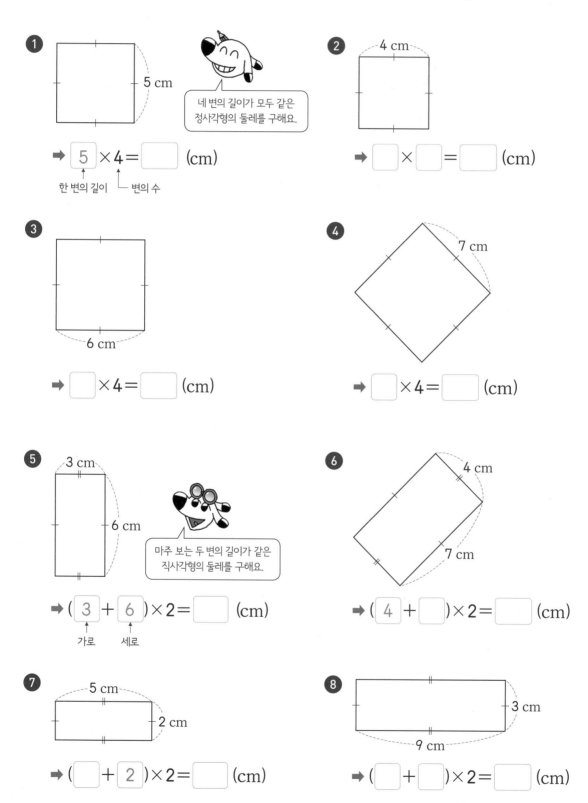

**①**

5 cm

네 변의 길이가 모두 같은
정사각형의 둘레를 구해요.

➡ $\boxed{5} \times 4 = \boxed{\phantom{0}}$ (cm)

한 변의 길이 ⌐ 변의 수

**②**

4 cm

➡ $\boxed{\phantom{0}} \times \boxed{\phantom{0}} = \boxed{\phantom{0}}$ (cm)

**③**

6 cm

➡ $\boxed{\phantom{0}} \times 4 = \boxed{\phantom{0}}$ (cm)

**④**

7 cm

➡ $\boxed{\phantom{0}} \times 4 = \boxed{\phantom{0}}$ (cm)

**⑤**

3 cm

6 cm

마주 보는 두 변의 길이가 같은
직사각형의 둘레를 구해요.

➡ $(\boxed{3} + \boxed{6}) \times 2 = \boxed{\phantom{0}}$ (cm)

가로   세로

**⑥**

4 cm

7 cm

➡ $(\boxed{4} + \boxed{\phantom{0}}) \times 2 = \boxed{\phantom{0}}$ (cm)

**⑦**

5 cm

2 cm

➡ $(\boxed{\phantom{0}} + \boxed{2}) \times 2 = \boxed{\phantom{0}}$ (cm)

**⑧**

3 cm

9 cm

➡ $(\boxed{\phantom{0}} + \boxed{\phantom{0}}) \times 2 = \boxed{\phantom{0}}$ (cm)

직사각형의 둘레를 보고 ☐ 안에 알맞은 수를 써넣으세요.

❶ 둘레: 22 cm

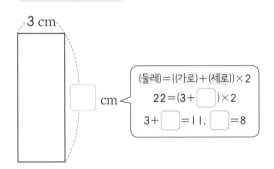

(둘레)＝((가로)＋(세로))×2
22＝(3＋☐)×2
3＋☐＝11, ☐＝8

❷ 둘레: 20 cm

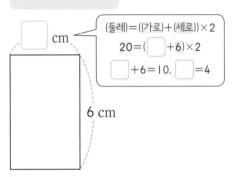

(둘레)＝((가로)＋(세로))×2
20＝(☐＋6)×2
☐＋6＝10, ☐＝4

❸ 둘레: 26 cm

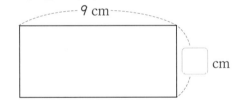

❹ 둘레: 20 cm

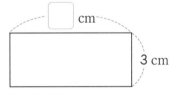

❺ 둘레: 18 cm

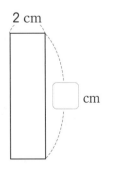

❻ 둘레: 22 cm

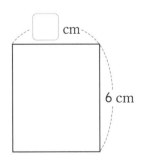

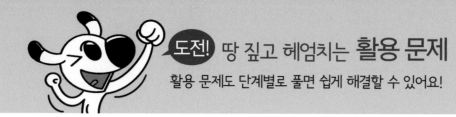
🐾 둘레가 같은 두 사각형이 있습니다. 문제를 풀어 보세요. [①~③]

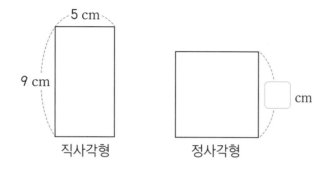

5 cm

9 cm

직사각형   정사각형   cm

① 직사각형의 둘레는 몇 cm일까요?

_____ cm

단위를 꼭 써요~.

마주 보는 두 변의 길이가 같아요!

직사각형

② 정사각형의 둘레는 몇 cm일까요?

_____

문제를 잘 읽으면 힌트가 있어요!

③ 정사각형의 한 변의 길이는 몇 cm일까요?

_____

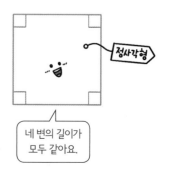
정사각형
네 변의 길이가 모두 같아요.

# 어느 방향에서도 모양이 같은 '원'

## ☆ 굽은 선으로 만든 도형

선을 구부려서~.

어느 방향에서 봐도 모양이 같은 원을 만들었어요!

## ☆ 원: 원의 중심에서 일정한 거리에 있는 점들을 이어서 만든 도형

원의 지름
원의 중심
원의 반지름

• 원의 중심: 원의 한가운데에 있는 점 ○
• 반지름: 원의 중심과 원 위의 한 점을 이은 선분
• 지름: 원 위의 두 점을 이은 선분 중 원의 중심을
　　　　지나는 선분

바빠! 꿀팁!

• 알아 두면 좋은 지름의 성질!

원의 절반
원의 절반
가장 긴 선분
(=지름)

① 원을 둘로 똑같이 나누어요.
② 원 안에 그을 수 있는 가장 긴 선분이에요.
③ 한 원에서 지름의 길이는 모두 같아요.

## ☆ 원의 지름과 반지름의 관계

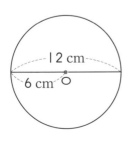

12 cm
6 cm ○

• 지름: 반지름의 2배

　　(지름)=(반지름)×2

• 반지름: 지름의 반

　　(반지름)=(지름)÷2

 원의 지름은 반지름의 2배예요.

🐾 ⬜ 안에 알맞은 수를 써넣으세요.

**1**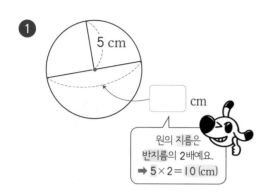
5 cm
⬜ cm

원의 지름은 반지름의 2배예요.
➡ 5×2＝10 (cm)

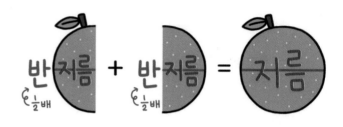

반지름 + 반지름 = 지름
(½배) (½배)

**2**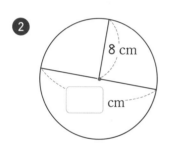
8 cm
⬜ cm

**3**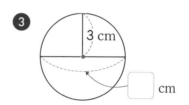
3 cm
⬜ cm

**4**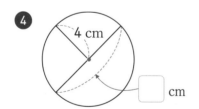
4 cm
⬜ cm

**5**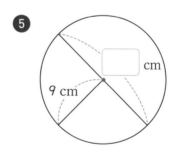
⬜ cm
9 cm

**6**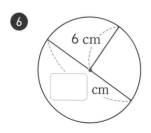
6 cm
⬜ cm

**7**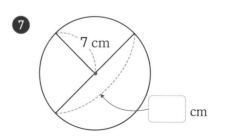
7 cm
⬜ cm

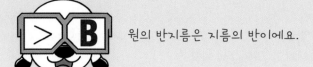

원의 반지름은 지름의 반이에요.

🐾 ☐ 안에 알맞은 수를 써넣으세요.

**1**

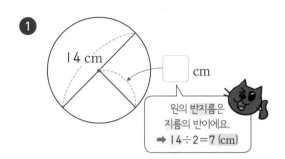

14 cm

☐ cm

원의 반지름은
지름의 반이에요.
➡ 14÷2=7 (cm)

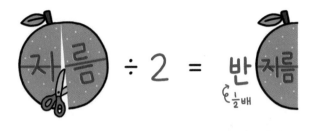

지름 ÷ 2 = 반지름
        ½배

**2**

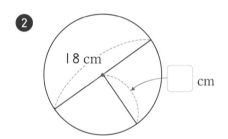

18 cm

☐ cm

**3**

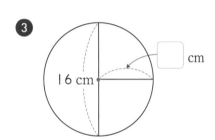

☐ cm

16 cm

**4**

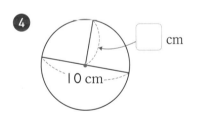

☐ cm

10 cm

**5**

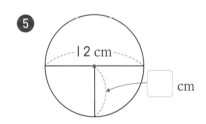

12 cm

☐ cm

**6**

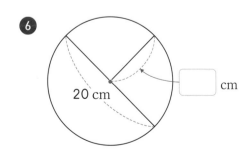

20 cm

☐ cm

**7**

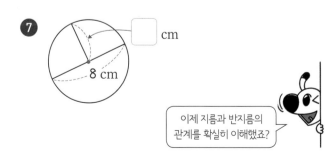

☐ cm

8 cm

이제 지름과 반지름의
관계를 확실히 이해했죠?

크기가 같은 원을 겹치지 않게 이어 붙였을 때와
원의 중심을 서로 겹치게 이어 붙였을 때의 길이를 구해 봐요.

🐾 크기가 같은 원 여러 개를 이어 붙였습니다. 선분 ㄱㄴ의 길이를 구하세요.

**①**

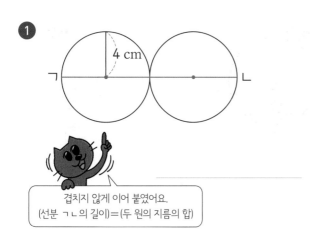

겹치지 않게 이어 붙였어요.
(선분 ㄱㄴ의 길이)=(두 원의 지름의 합)

**②**

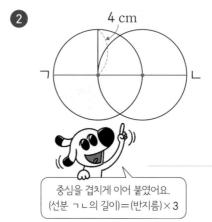

중심을 겹치게 이어 붙였어요.
(선분 ㄱㄴ의 길이)=(반지름)×3

**③**

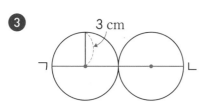

**④**

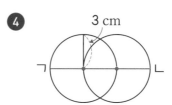

**⑤**

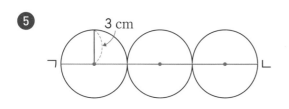

**⑥**

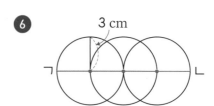

**⑦**

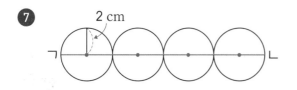

**⑧**

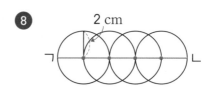

두 원을 겹치지 않게 이어 붙였을 때,
두 원의 중심 사이의 거리는 두 원의 반지름의 합과 같아요.

🐾 두 원의 중심 사이의 거리를 구하세요.

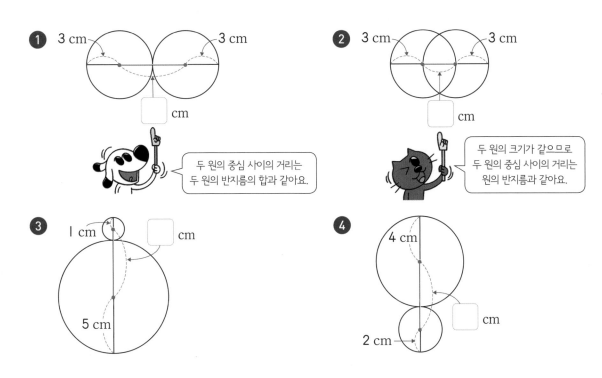

❶ 3 cm, 3 cm, ☐ cm
— 두 원의 중심 사이의 거리는 두 원의 반지름의 합과 같아요.

❷ 3 cm, 3 cm, ☐ cm
— 두 원의 크기가 같으므로 두 원의 중심 사이의 거리는 원의 반지름과 같아요.

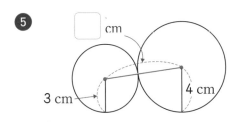

❸ 1 cm, ☐ cm, 5 cm

❹ 4 cm, 2 cm, ☐ cm

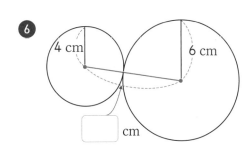

❺ ☐ cm, 3 cm, 4 cm

❻ 4 cm, 6 cm, ☐ cm

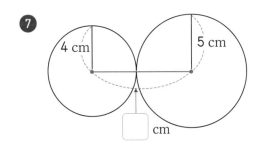

❼ 4 cm, 5 cm, ☐ cm

❽ ☐ cm, 2 cm, 5 cm

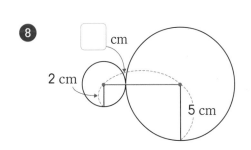

도전! 땅 짚고 헤엄치는 **활용 문제**

활용 문제도 단계별로 풀면 쉽게 해결할 수 있어요!

🐾 크기가 같은 원 세 개를 둘러싼 직사각형의 둘레를 구
하는 문제를 풀어 보세요. [❶~❸]

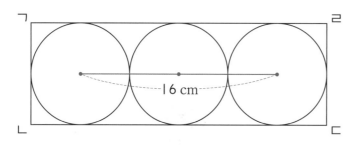

❶ 한 원의 지름은 몇 cm일까요?

원의 지름은 두 점 사이의
거리와 같아요.

❷ 원을 둘러싼 직사각형의 가로와 세로를 차례로 쓰세요.

_____ , _____

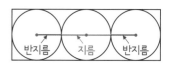

❸ 직사각형의 둘레는 몇 cm일까요?

_____

(직사각형의 둘레)
=((가로)+(세로))×2

# 03 직각보다 크면 둔각, 작으면 예각

## ☆ 각의 종류

| · 예각 | · 직각 | · 둔각 | · 평각 |
|---|---|---|---|
|  |  |  | 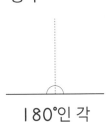 |
| 0°보다 크고,<br>90°보다 작은 각 | 90°인 각 | 90°보다 크고,<br>180°보다 작은 각 | 180°인 각 |

바빠!꿀팁!

직각(90°)을 똑같이 90으로 나눈 것 중
하나를 1도라고 하고, 1°라고 씁니다.

예각은 예리해!  둔각은 둔하네!

## ☆ 각도의 합과 차

각도의 합과 차는 자연수의 덧셈, 뺄셈과 같은 방법으로 계산하고, 계산 결과에 °를
붙입니다.

구십도
90°

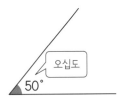
오십도
50°

· 각도의 합

$$90° + 50° = 140°$$
(직각) + (예각) = (둔각)

· 각도의 차

$$90° - 50° = 40°$$
(직각) - (예각) = (예각)

°(도)를 붙이는 걸
잊으면 안 돼요~!

 각도의 합과 차를 이용하면 각도기로 구할 수 없는 각도 쉽게 구할 수 있어요.
각도의 합과 차는 자연수와 똑같이 계산한 다음 °를 붙이면 돼요.

🐾 각도의 합과 차를 구하세요.

❶
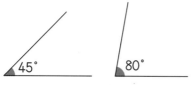

➡ 합: 45°+80°= ⬜°

➡ 차: 80°−45°= ⬜°

❷
직각

➡ 합: 90°+90°= ⬜°

➡ 차: 90°−90°= ⬜°

❸

130°

➡ 합: 130°+⬜° = ⬜°

➡ 차: 130°−⬜° = ⬜°

❹

20°

➡ 합: 20°+⬜° = ⬜°

➡ 차: 90°−⬜° = ⬜°

차는 큰 수에서
작은 수를 빼요.

❺
120°          50°

➡ 합: ⬜°+50°= ⬜°

➡ 차: ⬜°−50°= ⬜°

❻
평각

➡ 합: ⬜°+180°= ⬜°

➡ 차: ⬜°−90°= ⬜°

❼
120°          150°

➡ 합: _____

➡ 차: _____

°를 꼭 붙여요!

❽
30°

➡ 합: _____

➡ 차: _____

🐾 두 직각 삼각자를 겹치거나 이어 붙여서 각을 만들었습니다. ☐ 안에 알맞은 수를 써 넣으세요.

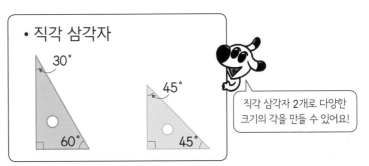

• 직각 삼각자

직각 삼각자 2개로 다양한 크기의 각을 만들 수 있어요!

❶
45°
60°

두 각의 합을 구해요.
➡ 45°+30°=75°

❷
45°
30°

❸
60°
45°

❹
30°
45°

❺
45°
60°

전체에서 겹치는 부분을 빼요.
➡ 45°-30°=15°

❻
45°
60°

 평각은 180°, 직각은 90°임을 이용해서 각의 크기를 구해 봐요.

🐾 ☐ 안에 알맞은 수를 써넣으세요.

**1**

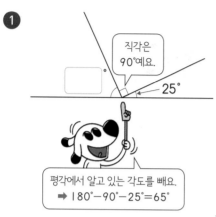

직각은 90°예요.

25°

평각에서 알고 있는 각도를 빼요.
➡ 180°−90°−25°=65°

**2**

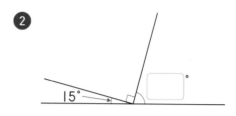

15°

**3**

45°

**4**

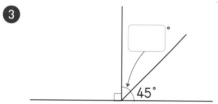

30°　　30°

**5**

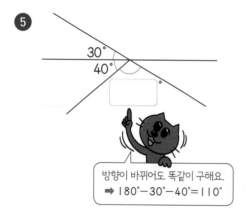

30°
40°

방향이 바뀌어도 똑같이 구해요.
➡ 180°−30°−40°=110°

**6**

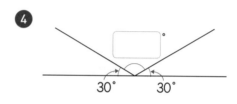

80°
45°

**7**

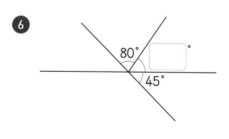

60°
60°

**8**

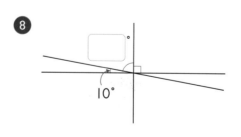

10°

색종이를 접은 부분의 각도는 접힌 부분의 각도와 같아요.

🐾 ☐ 안에 알맞은 수를 써넣으세요.

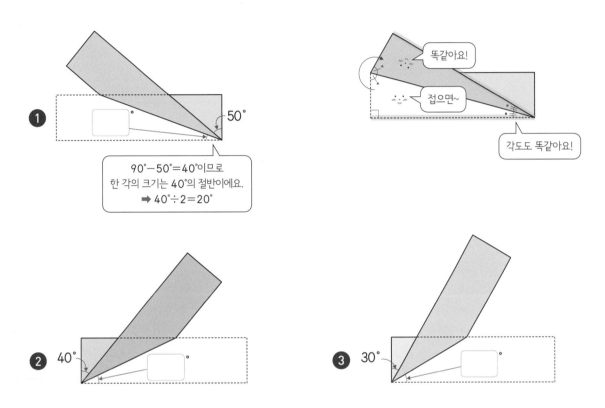

① 50°

똑같아요!

접으면~

각도도 똑같아요!

90°−50°=40°이므로
한 각의 크기는 40°의 절반이에요.
➡ 40°÷2=20°

② 40°

③ 30°

④ 50°

접은 부분과 접힌 부분은
같다는 것을 잊지 말아요~!

180°−50°=130°
➡ 130°÷2=65°

⑤ 20°

⑥ 40°

⑦ 70°

도전! 땅 짚고 헤엄치는 **활용 문제**

활용 문제도 단계별로 풀면 쉽게 해결할 수 있어요!

🐾 각의 크기를 구하는 문제를 풀어 보세요. [❶~❸]

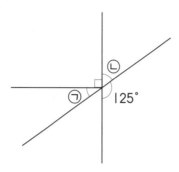

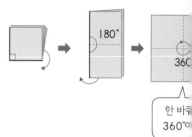

❶ 각 ㉠과 각 ㉡의 크기의 합은 몇 도일까요?

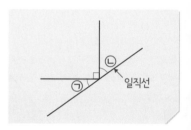

❷ 각 ㉡은 몇 도일까요?

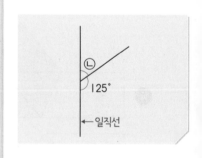

❸ 각 ㉠은 몇 도일까요?

# 도형의 내각의 크기의 합은 일정해

• 안쪽 각(내각)과 바깥쪽 각(외각)

외(外)각 → 300°    60° 내(內)각

각을 만들면 안쪽의 각과 바깥쪽의 각이 생겨요. 도형의 안쪽 각을 내각, 바깥쪽 각을 외각이라고 해요.

## ☆ 삼각형의 세 각의 크기의 합

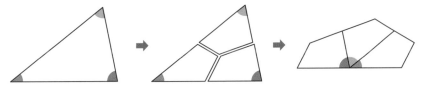

➡ 삼각형의 세 각의 크기의 합은 180°입니다.

## ☆ 사각형의 네 각의 크기의 합

➡ 사각형의 네 각의 크기의 합은 360°입니다.

바빠! 꿀팁!

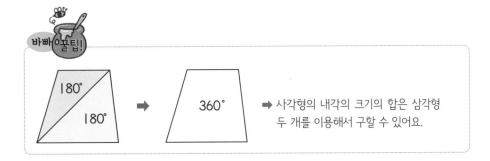

180°
180°    ➡    360°    ➡ 사각형의 내각의 크기의 합은 삼각형 두 개를 이용해서 구할 수 있어요.

삼각형의 세 각의 크기의 합은 180°예요.
두 각의 크기를 알 때, 나머지 한 각의 크기는
180°에서 알고 있는 두 각의 크기를 빼서 구해요.

🐾 ☐ 안에 알맞은 수를 써넣으세요.

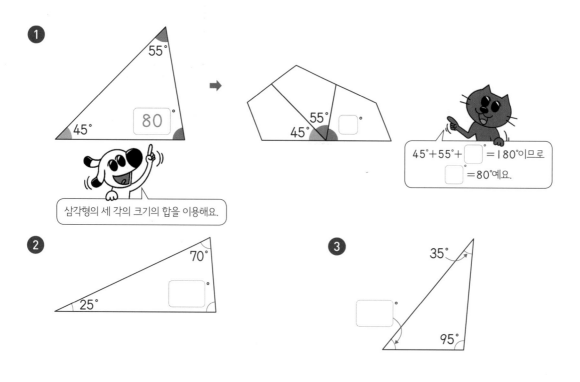

① 55° → 55° ☐°

45° 80 45°

삼각형의 세 각의 크기의 합을 이용해요.

45°+55°+☐=180°이므로
☐=80°예요.

② 70°
25° ☐

③ 35°
☐° 95°

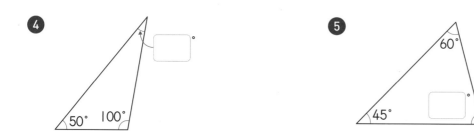

④ ☐°
50° 100°

⑤ 60°
45° ☐°

⑥ 25°
☐ 60°

⑦ ☐°
60° 70°

사각형의 네 각의 크기의 합은 360°예요.
세 각의 크기를 알 때, 나머지 한 각의 크기는
360°에서 알고 있는 세 각의 크기를 빼서 구해요.

🐾 ☐ 안에 알맞은 수를 써넣으세요.

**①**

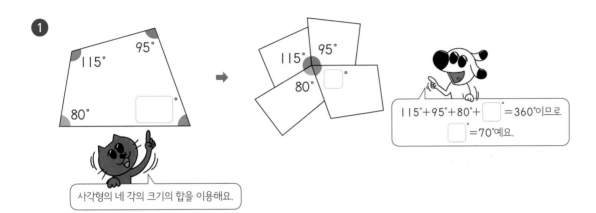

115°+95°+80°+☐ =360°이므로
☐ =70°예요.

사각형의 네 각의 크기의 합을 이용해요.

**②**

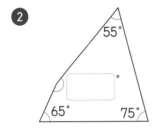

**③**

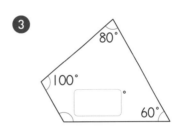

**④**

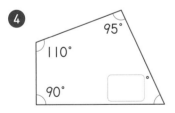

**⑤**

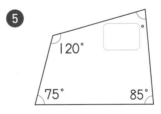

**⑥**

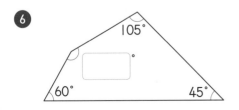

**⑦**

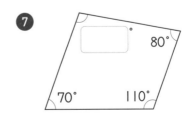

 한 직선의 크기가 180°임을 이용해 직선 위의 각도를 구한 다음 삼각형의 세 각의 합 또는 사각형의 네 각의 합을 이용해요.

🐾 ⬜ 안에 알맞은 수를 써넣으세요.

**1**
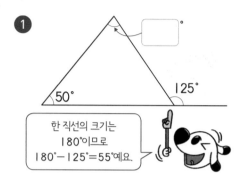

한 직선의 크기는
180°이므로
180°−125°=55°예요.

**2**
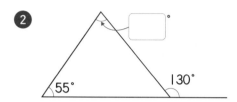

**3**

**4**
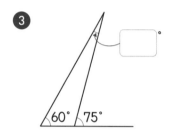 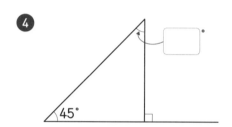

**5**
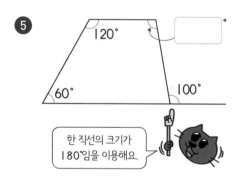

한 직선의 크기가
180°임을 이용해요.

**6**
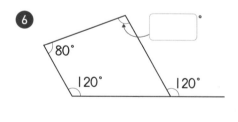

**7**

**8**

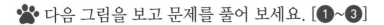
🐾 다음 그림을 보고 문제를 풀어 보세요. [**1**~**3**]

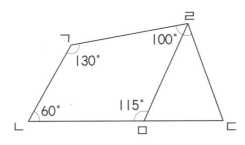

**1** 각 ㄹㅁㄷ은 몇 도일까요?

_____

**2** 사각형 ㄱㄴㄷㄹ에서 각 ㄴㄷㄹ은 몇 도일까요?

_____

**3** 삼각형 ㄹㅁㄷ에서 각 ㅁㄹㄷ은 몇 도일까요?

_____

• 각 ㄱㄴㄷ

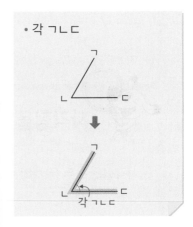

사각형의 네 각의 크기의 합은 360°예요.

삼각형의 세 각의 크기의 합은 180°예요.

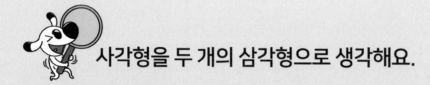

## 사각형을 두 개의 삼각형으로 생각해요.

사각형은 모두 두 개의 삼각형으로 나눌 수 있어요.

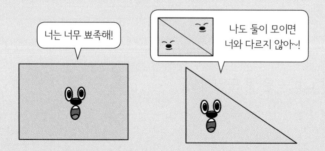

너는 너무 뾰족해!

나도 둘이 모이면
너와 다르지 않아~!

사각형은 두 개의 삼각형을 붙여 만들 수 있으므로 사각형의 내각의 크기의 합은 삼각형의 내각
의 크기의 합인 180°의 2배인 360°가 돼요.

그렇다면 세 개의 삼각형을 붙여 만들 수 있는 도형의 내각의 크기의 합은 180°의 3배인 540°
겠죠?

이렇게 도형을 삼각형으로 나누어서 생각하면 도형의 내각의 크기의 합을 구하기 쉬워요.

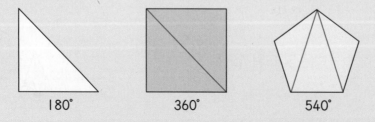

180°          360°          540°

# 둘째 마당

# 삼각형과 사각형

둘째 마당에서는 삼각형과 사각형의 여러 가지 종류를 배워요. 삼각형이라고 모두 같은 삼각형이 아니고, 사각형이라고 모두 같은 사각형이 아니에요. 여러 가지 삼각형을 배우고 서로 만나지 않는 두 직선인 '평행선'과 90°로 만나는 두 직선인 '수선'을 배운 다음 사각형의 종류에는 무엇이 있는지 알아 봐요.

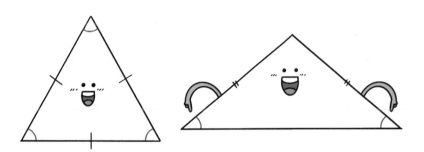

| | 공부할 내용! | 완료 | 10일<br>진도 | 20일<br>진도 |
|---|---|---|---|---|
| **05** | 삼각형에도 각자 이름이 있어 | ☐ | | 5일차 |
| **06** | 만나지 않으면 평행선,<br>수직으로 만나면 수선 | ☐ | 3일차 | 6일차 |
| **07** | 사각형도 종류가 많아! | ☐ | | 7일차 |

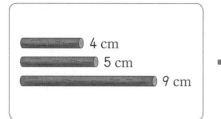

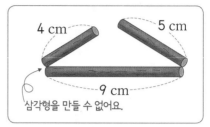

4 cm
5 cm
9 cm

4 cm
5 cm
9 cm
삼각형을 만들 수 없어요.

삼각형은 가장 긴 변의 길이가 남은 두 변의 길이의 합보다 짧아야 만들 수 있어!

## ☆ 삼각형 분류하기

방법 1 변의 길이로 분류하기

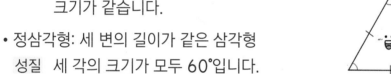

- 이등변삼각형: 두 변의 길이가 같은 삼각형
  성질  길이가 같은 두 변과 함께하는 두 각의
  크기가 같습니다.

- 정삼각형: 세 변의 길이가 같은 삼각형
  성질  세 각의 크기가 모두 60°입니다.

방법 2 각의 크기로 분류하기

| • 예각삼각형 | • 직각삼각형 | • 둔각삼각형 |
|---|---|---|
|  |  | 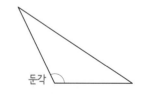 |
| 예각<br>예각  예각 | | 둔각 |
| 세 각이 모두 예각인 삼각형 | 한 각이 직각인 삼각형 | 한 각이 둔각인 삼각형 |

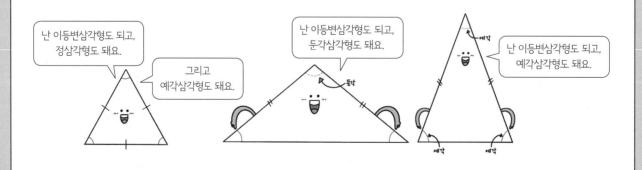

난 이등변삼각형도 되고, 정삼각형도 돼요.

그리고 예각삼각형도 돼요.

난 이등변삼각형도 되고, 둔각삼각형도 돼요.

둔각

난 이등변삼각형도 되고, 예각삼각형도 돼요.

예각

예각  예각

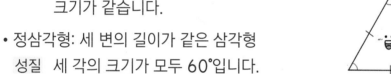

삼각형의 세 각의 크기의 합은 180°임을 이용해 나머지 한 각의 크기를 구해 봐요.
예각/둔각이 몇 개인지, 직각이 있는지, 크기가 같은 각은 몇 개인지 확인해 봐요.

🐾 삼각형의 두 각의 크기를 보고 삼각형의 이름이 될 수 있는 것을 모두 찾아 ◯표 하세요.

나머지 한 각의 크기를 먼저 구해요.

**1** 40° 50°　　( 이등변 , 정 , 예각 , (직각) , 둔각 ) 삼각형

> 나머지 한 각의 크기: 180°−40°−50°=90°
> ➡ 직각삼각형이에요.

**2** 50° 60°　　( 이등변 , 정 , 예각 , 직각 , 둔각 ) 삼각형

**3** 55° 25°　　( 이등변 , 정 , 예각 , 직각 , 둔각 ) 삼각형

**4** 65° 50°　　( (이등변) , 정 , (예각) , 직각 , 둔각 ) 삼각형

> 나머지 한 각의 크기: 65° ➡ 예각삼각형
> 크기가 같은 각: 2개 ➡ 이등변삼각형

**5** 35° 110°　　( 이등변 , 정 , 예각 , 직각 , 둔각 ) 삼각형

**6** 45° 45°　　( 이등변 , 정 , 예각 , 직각 , 둔각 ) 삼각형

**7** 60° 60°　　( (이등변) , (정) , (예각) , 직각 , 둔각 ) 삼각형

> 두 각이 60° ➡ 이등변삼각형
> 나머지 한 각의 크기: 60° ➡ 정삼각형
> 세 각이 모두 예각 ➡ 예각삼각형

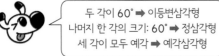

이등변삼각형은 두 변의 길이가 같고,
정삼각형은 세 변의 길이가 모두 같아요.

🐾 정삼각형과 이등변삼각형의 둘레를 구하세요.

❶
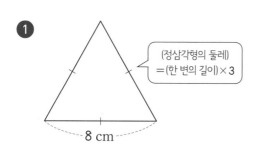

(정삼각형의 둘레)
＝(한 변의 길이)×3

8 cm

_____ cm

❷
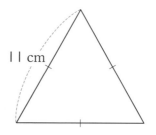

11 cm

_____ cm

❸

8 cm    8 cm

5 cm

이등변삼각형의 둘레도
세 변의 길이를 모두 더해요.

_____

❹
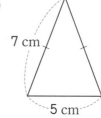

7 cm

5 cm

길이가 같은 두 변을
먼저 찾아요.

_____

❺
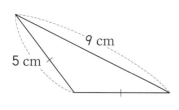

9 cm

5 cm

_____

❻
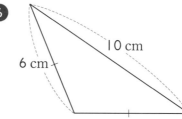

10 cm

6 cm

_____

❼
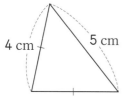

4 cm    5 cm

_____

❽
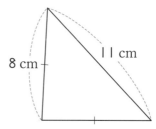

8 cm    11 cm

_____

 삼각형의 둘레는 세 변의 길이의 합이에요.
주어진 둘레에서 주어진 두 변의 길이를 빼면
삼각형의 세 변의 길이를 모두 알 수 있어요.

🐾 정삼각형과 이등변삼각형의 둘레를 보고 ☐ 안에 알맞은 수를 써넣으세요.

❶ 둘레: 27 cm

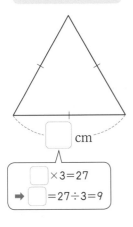

☐ cm

☐ ×3=27
➡ ☐ =27÷3=9

❷ 둘레: 24 cm

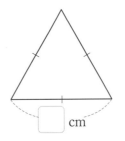

☐ cm

❸ 둘레: 20 cm

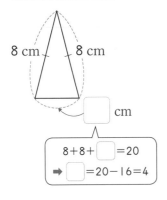

8 cm   8 cm

☐ cm

8+8+☐=20
➡ ☐ =20-16=4

❹ 둘레: 28 cm

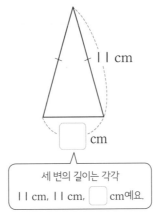

11 cm

☐ cm

세 변의 길이는 각각
11 cm, 11 cm, ☐ cm예요.

❺ 둘레: 24 cm

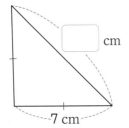

☐ cm

7 cm

❻ 둘레: 26 cm

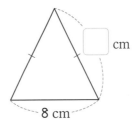

☐ cm

8 cm

삼각형과 사각형   41

 이등변삼각형은 길이가 같은 두 변과 함께하는 두 각의 크기가 같아요.

🐾 이등변삼각형입니다. ☐ 안에 알맞은 수를 써넣으세요.

①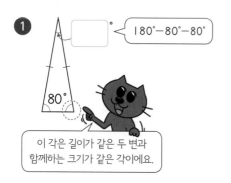

180°−80°−80°

80°

이 각은 길이가 같은 두 변과 함께하는 크기가 같은 각이에요.

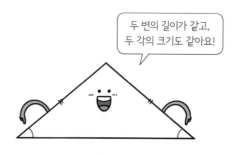

두 변의 길이가 같고, 두 각의 크기도 같아요!

②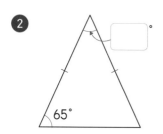
65°

③
75°

④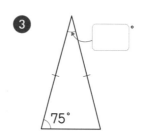
55°

⑤
20°

⑥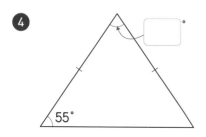
35°

⑦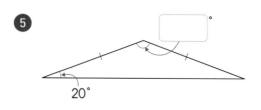
60°

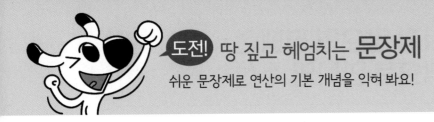

🐾 다음 문장을 읽고 문제를 풀어 보세요.

① 세 변의 길이가 각각 4 cm, 4 cm, 6 cm인 삼각형은 어떤 삼각형일까요?

_____

② 한 변의 길이가 22 cm인 정삼각형의 둘레는 몇 cm일까요?

_____

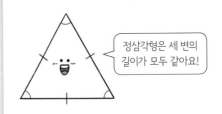

정삼각형은 세 변의 길이가 모두 같아요!

③ 둘레가 30 cm인 이등변삼각형이 있습니다. 길이가 같은 두 변 중 한 변의 길이가 12 cm일 때, 나머지 한 변의 길이는 몇 cm일까요?

_____

이등변삼각형의 둘레도 세 변의 길이를 모두 더해 구해요.

④ 길이가 45 cm인 철사를 남기거나 겹치는 부분이 없도록 구부려서 정삼각형 한 개를 만들었습니다. 만든 정삼각형의 한 변의 길이는 몇 cm일까요?

_____

# 06 만나지 않으면 평행선, 수직으로 만나면 수선

## ☆ 수직과 수선

- 두 직선이 만나서 이루는 각이 직각일 때, 두 직선은 서로 수직이라고 합니다.
- 두 직선이 서로 수직으로 만나면 한 직선을 다른 직선에 대한 수선이라고 합니다.

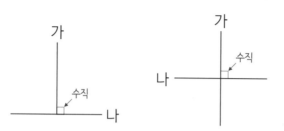

## ☆ 평행과 평행선

- 한 직선에 수직인 두 직선을 그었을 때, 그 두 직선은 서로 만나지 않습니다.
  이와 같이 서로 만나지 않는 두 직선을 평행하다고 합니다.
- 평행한 두 직선을 평행선이라고 합니다.

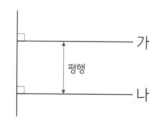

## ☆ 평행선 사이의 거리

평행선의 한 직선에서 다른 직선에 그은 수선의 길이를 평행선 사이의 거리라고 합니다.

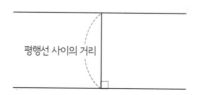

수직으로 만나는 두 직선은 90°가 돼요.

🐾 직선 가와 나가 수직일 때, ☐ 안에 알맞은 수를 써넣으세요.

①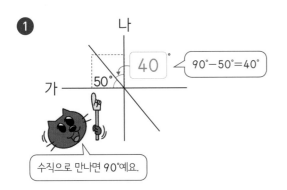
나
가
$40$ °  $90°-50°=40°$
$50°$
수직으로 만나면 90°예요.

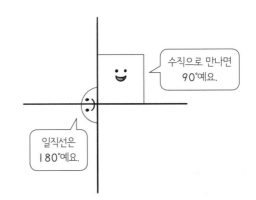
수직으로 만나면 90°예요.
일직선은 180°예요.

②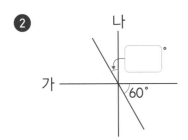
나
가
☐ °
$60°$

③
나
가
$45°$
☐ °

④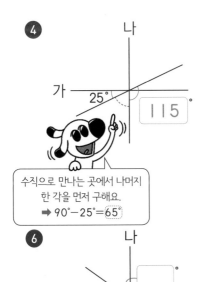
나
가
$25°$
$115$ °
수직으로 만나는 곳에서 나머지 한 각을 먼저 구해요.
➡ $90°-25°=\boxed{65°}$

⑤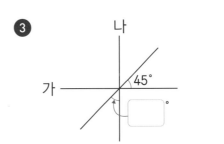
나
가
☐ °
$70°$

⑥
나
가
☐ °
$55°$

⑦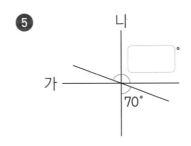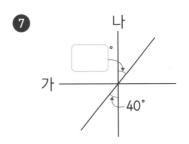
나
가
☐ °
$40°$

🐾 직선 가, 나, 다가 서로 평행할 때, 직선 가와 직선 다 사이의 거리를 구하세요.

**1**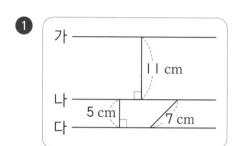

수선의 길이가 평행선
사이의 거리가 돼요.
➡ 11+5=16 (cm)

**2**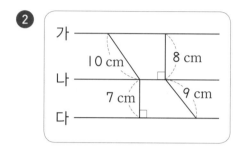

**3**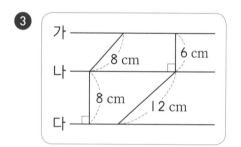

**4**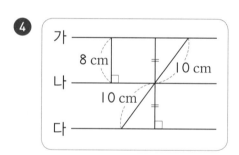

**5**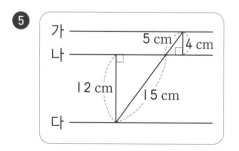

**6**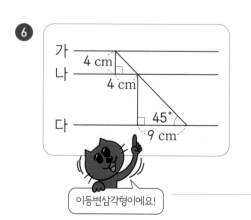

이등변삼각형이에요!

🐾 정사각형과 직사각형을 겹치지 않게 이어 붙였습니다. 가장 먼 평행선 사이의 거리를 구하세요.

**1**

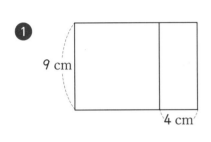

9 cm

4 cm

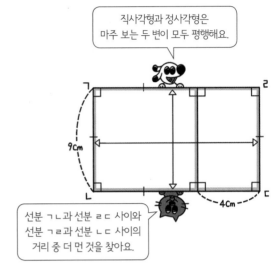

직사각형과 정사각형은 마주 보는 두 변이 모두 평행해요.

ㄱ     ㄹ

9 cm

ㄴ     ㄷ

4 Cm

선분 ㄱㄴ과 선분 ㄹㄷ 사이와 선분 ㄱㄹ과 선분 ㄴㄷ 사이의 거리 중 더 먼 것을 찾아요.

**2**

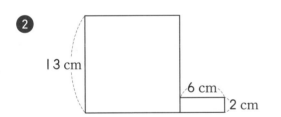

13 cm

6 cm

2 cm

**3**

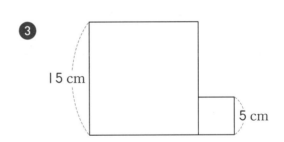

15 cm

5 cm

**4**

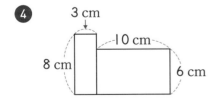

3 cm

10 cm

8 cm

6 cm

**5**

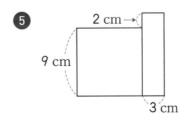

2 cm

9 cm

3 cm

수직으로 만나는 두 직선은 90°가 돼요.

직선 가와 나가 평행할 때, ☐ 안에 알맞은 수를 써넣으세요.

**1**

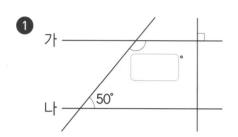

가
나
50°

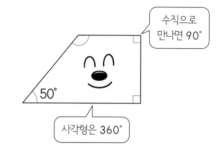

수직으로
만나면 90°

50°

사각형은 360°

**2**

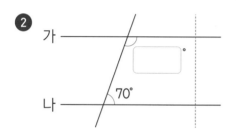

가
나
70°

**3**

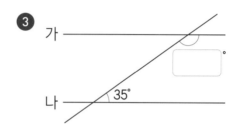

가
나
35°

**4**

가
나
65°

**5**

가
나
100°

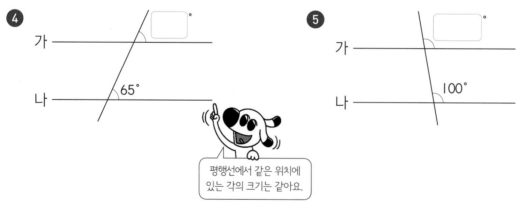

평행선에서 같은 위치에
있는 각의 크기는 같아요.

**6**

가
나
70°

**7**

가
나
125°

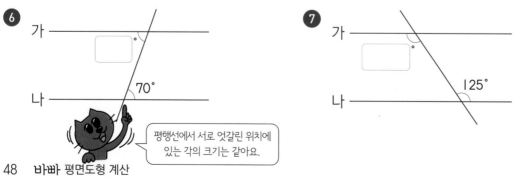

평행선에서 서로 엇갈린 위치에
있는 각의 크기는 같아요.

🐾 직선 가, 나, 다가 평행할 때, 각 ㄱㄴㄷ의 크기를 구하는 문제를 풀어 보세요. [❶~❸]

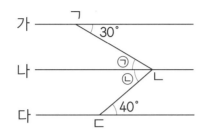

❶ ㉠의 각도를 구하세요.

평행선의 성질을 이용해요.

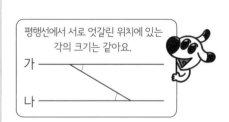
평행선에서 서로 엇갈린 위치에 있는 각의 크기는 같아요.

❷ ㉡의 각도를 구하세요.

엇각은 영문자 Z 또는 거꾸로 된 Z를 찾아요!

❸ 각 ㄱㄴㄷ은 몇 도일까요?

(각 ㄱㄴㄷ)
=(㉠의 각도)+(㉡의 각도)

사각형도 종류가 많아!

☆ **사다리꼴**: 평행한 변이 한 쌍이라도 있는 사각형

성질　사다리꼴은 마주 보는 한 쌍의 변이 서로 평행합니다.

☆ **평행사변형**: 마주 보는 두 쌍의 변이 서로 평행한 사각형

성질　마주 보는 두 변의 길이가 같고 마주 보는 두 각의 크기가 같습니다.

(평행사변형의 둘레)=((한 변의 길이)+(다른 한 변의 길이))×2

☆ **마름모**: 네 변의 길이가 모두 같은 사각형

성질　마주 보는 두 쌍의 변이 서로 평행합니다.

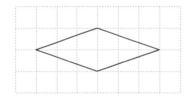 

(마름모의 둘레)=(한 변의 길이)×4

🐾 사다리꼴 ㄱㄴㄷㄹ의 한 변과 평행한 선을 그어 평행사변형을 만들었습니다. ☐ 안에
알맞은 수를 써넣으세요.

**1**
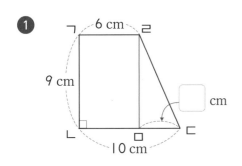

선분 ㄱㄴ과 평행한 선분 ㄹㅁ을 그리면 선분 ㄱㄹ과 선분 ㄴㅁ의 길이가 같아요.

길이가 같아요.

**2**
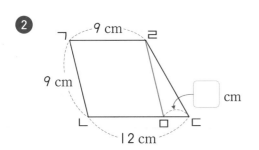

**3**
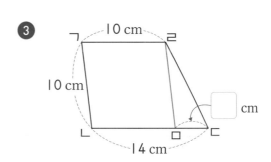

**4**
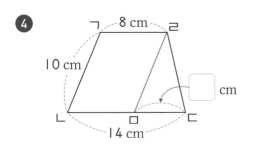

**5**

**6**
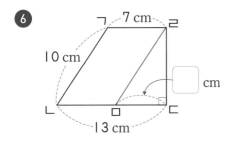

**7**
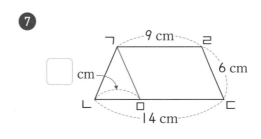

🐾 마름모와 평행사변형의 둘레를 구하는 식을 쓰고 답을 구하세요.

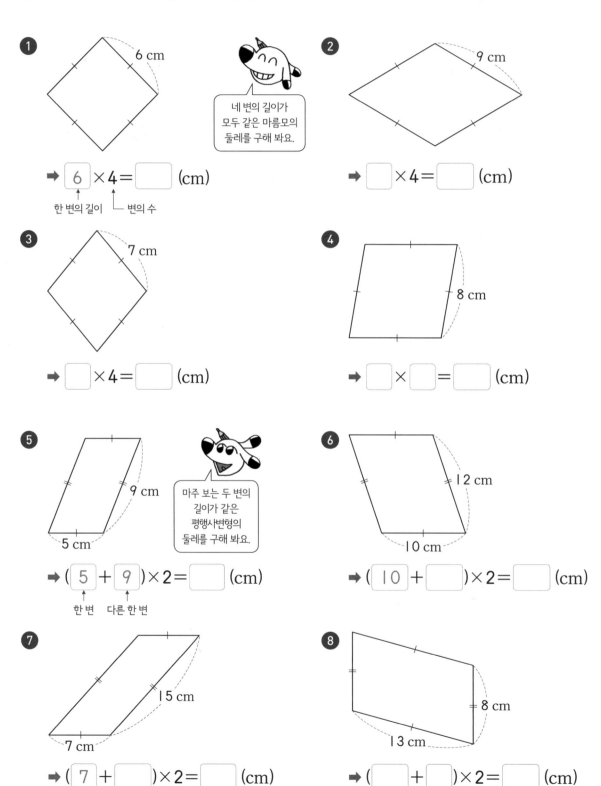

**1**   6 cm

네 변의 길이가
모두 같은 마름모의
둘레를 구해 봐요.

➡ $\boxed{6} \times 4 = \boxed{\phantom{00}}$ (cm)

한 변의 길이 — 변의 수

**2**   9 cm

➡ $\boxed{\phantom{00}} \times 4 = \boxed{\phantom{00}}$ (cm)

**3**   7 cm

➡ $\boxed{\phantom{00}} \times 4 = \boxed{\phantom{00}}$ (cm)

**4**   8 cm

➡ $\boxed{\phantom{00}} \times \boxed{\phantom{0}} = \boxed{\phantom{00}}$ (cm)

**5**   9 cm   5 cm

마주 보는 두 변의
길이가 같은
평행사변형의
둘레를 구해 봐요.

➡ $(\boxed{5} + \boxed{9}) \times 2 = \boxed{\phantom{00}}$ (cm)

한 변   다른 한 변

**6**   12 cm   10 cm

➡ $(\boxed{10} + \boxed{\phantom{0}}) \times 2 = \boxed{\phantom{00}}$ (cm)

**7**   15 cm   7 cm

➡ $(\boxed{7} + \boxed{\phantom{0}}) \times 2 = \boxed{\phantom{00}}$ (cm)

**8**   8 cm   13 cm

➡ $(\boxed{\phantom{0}} + \boxed{\phantom{0}}) \times 2 = \boxed{\phantom{00}}$ (cm)

평행사변형은 마주 보는 두 각의 크기가 같고,
이웃하는 두 각의 크기의 합은 180°예요.

🐾 평행사변형입니다. ☐ 안에 알맞은 수를 써넣으세요.

**1**

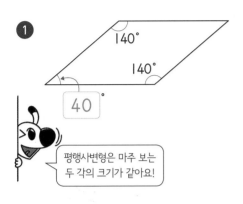

140°

140°

40

평행사변형은 마주 보는
두 각의 크기가 같아요!

**2**

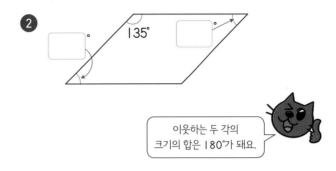

135°

이웃하는 두 각의
크기의 합은 180°가 돼요.

**3**

80°

**4**

65°

**5**

95°

**6**

160°

**7**

120°

**8**

150°

🐾 정삼각형과 마름모를 겹치지 않게 이어 붙였습니다. 문제를 풀어 보세요. [❶~❹]

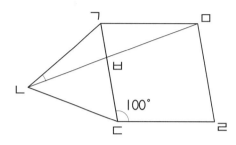

❶ 변의 길이로 분류하였을 때 삼각형 ㄱㄴㅁ은 어떤 삼각형일까요?

먼저 변의 길이가 같은 것을 찾아 표시해 봐요.

❷ 각 ㄷㄱㅁ은 몇 도일까요?

●+▲+●+▲=360°
●+▲=180°

❸ 각 ㄴㄱㅁ은 몇 도일까요?

정삼각형은 세 각의 크기가 모두 같아요.

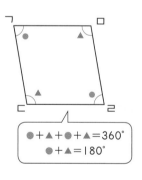

❹ 각 ㄱㄴㅁ은 몇 도일까요?

# 셋째 마당

## 多 正
# 다각형과 정다각형

셋째 마당에서는 곧은 선 여러 개로 만든 다각형과 그중 모든 변의 길이가 같고 각의 크기가 같은 정다각형에 대해서 배워요. 정다각형의 꼭짓점과 꼭짓점을 잇는 대각선을 그어 보면 다각형의 여러 가지 특징을 알 수 있어요. 다각형에는 어떤 특징이 있는지 알아볼까요?

| | 공부할 내용! | 완료 | 10일 진도 | 20일 진도 |
|---|---|---|---|---|
| **08** | 여러 개의 곧은 선으로 만든 도형 '다각형' | ☐ | | 8일차 |
| **09** | 다각형에서 대각선의 성질을 알아봐 | ☐ | 4일차 | |
| **10** | 대각선을 그으면 다각형의 각을 알 수 있어 | ☐ | | 9일차 |

# 08 여러 개의 곧은 선으로 만든 도형 '다각형'

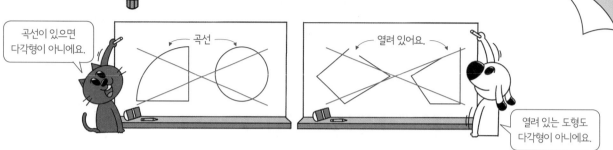

곡선이 있으면 다각형이 아니에요.

곡선

열려 있어요.

열려 있는 도형도 다각형이 아니에요.

☆ **다각형**: 선분으로만 둘러싸인 도형

| 다각형 | ①⑤②④③ | ②①⑥③⑤④ | ②①⑦③⑥⑤ | ②①⑧③⑦⑤⑥ | ...... |
|---|---|---|---|---|---|
| 이름 | 오각형 | 육각형 | 칠각형 | 팔각형 | ...... |
| 변의 수(개) | 5 | 6 | 7 | 8 | ...... |
| 꼭짓점의 수(개) | 5 | 6 | 7 | 8 | ...... |

바빠 꿀팁!

• 다각형의 이름으로 변의 수와 꼭짓점의 수를 알 수 있어요.
  ●각형은 변도 ●개, 꼭짓점도 ●개예요.

나는 오각형!
변도 5개, 꼭짓점도 5개예요.

☆ **정다각형**: 변의 길이가 모두 같고 각의 크기가 모두 같은 다각형

| 정다각형 | | | | | ...... |
|---|---|---|---|---|---|
| 이름 | 정오각형 | 정육각형 | 정칠각형 | 정팔각형 | ...... |
| 변의 수(개) | 5 | 6 | 7 | 8 | ...... |
| 꼭짓점의 수(개) | 5 | 6 | 7 | 8 | ...... |

다각형의 모든 변의 길이가 같고 모든 각의 크기가 같으면
다각형 이름 앞에 '정'을 붙여요!

🐾 다각형의 변의 수와 꼭짓점의 수의 합을 구하는 식을 쓰고 답을 구하세요.

❶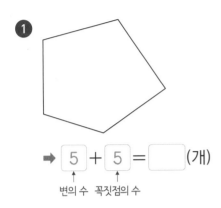

변의 수 / 꼭짓점의 수

➡ $5$ + $5$ = ☐ (개)

↑ 변의 수　↑ 꼭짓점의 수

❷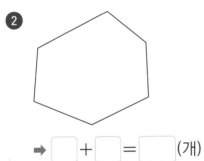

➡ ☐ + ☐ = ☐ (개)

❸

➡ ☐ + ☐ = ☐ (개)

❹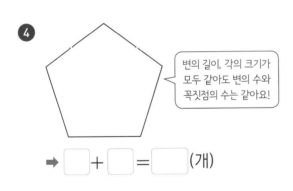

변의 길이, 각의 크기가
모두 같아도 변의 수와
꼭짓점의 수는 같아요!

➡ ☐ + ☐ = ☐ (개)

❺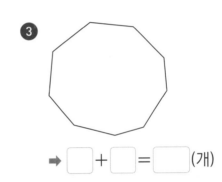

➡ ☐ + ☐ = ☐ (개)

❻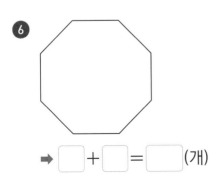

➡ ☐ + ☐ = ☐ (개)

❼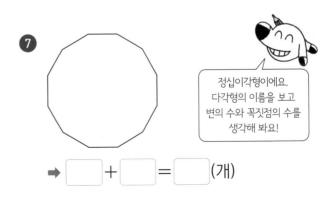

정십이각형이에요.
다각형의 이름을 보고
변의 수와 꼭짓점의 수를
생각해 봐요!

➡ ☐ + ☐ = ☐ (개)

정다각형은 변의 길이가 모두 같아요.

🐾 정다각형의 둘레를 구하는 식을 쓰고 답을 구하세요.

(정다각형의 둘레)
＝(한 변의 길이)×(변의 수)

**①**

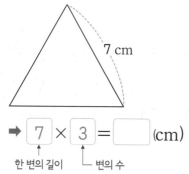

7 cm

➡ 7 × 3 = ☐ (cm)

한 변의 길이 ⌐ 변의 수

**②**

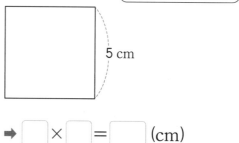

5 cm

➡ ☐ × ☐ = ☐ (cm)

한 변의 길이 ⌐ 변의 수

**③**

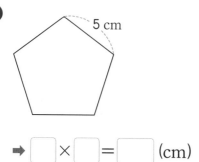

5 cm

➡ ☐ × ☐ = ☐ (cm)

**④**

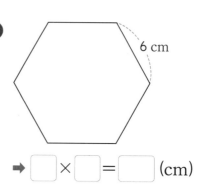

6 cm

➡ ☐ × ☐ = ☐ (cm)

**⑤**

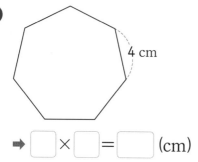

4 cm

➡ ☐ × ☐ = ☐ (cm)

**⑥**

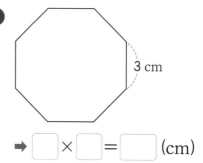

3 cm

➡ ☐ × ☐ = ☐ (cm)

**⑦**

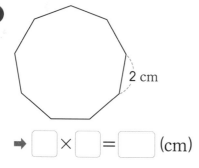

2 cm

➡ ☐ × ☐ = ☐ (cm)

**⑧**

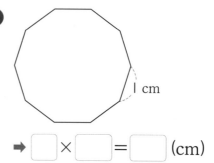

1 cm

➡ ☐ × ☐ = ☐ (cm)

 정다각형의 이름을 보면 변이 모두 몇 개인지 알 수 있어요.

🐾 둘레가 주어진 정다각형의 한 변의 길이를 구하세요.

> (한 변의 길이)
> =(정다각형의 둘레)÷(변의 수)

**1** 정육각형의 둘레: 24 cm

➡ 한 변의 길이: ☐ cm

**2** 정구각형의 둘레: 63 cm

➡ 한 변의 길이: ☐ cm

**3** 정팔각형의 둘레: 64 cm

➡ 한 변의 길이: ☐ cm

**4** 정삼각형의 둘레: 36 cm

➡ 한 변의 길이: ☐ cm

**5** 정오각형의 둘레: 45 cm

➡ 한 변의 길이: ☐ cm

**6** 정칠각형의 둘레: 42 cm

➡ 한 변의 길이: ☐ cm

**7** 정사각형의 둘레: 52 cm

➡ 한 변의 길이: ☐ cm

**8** 정삼각형의 둘레: 42 cm

➡ 한 변의 길이: ☐ cm

> 둘레가 같다고 모두 같은 도형은 아니에요!

정다각형의 내각의 크기는 모두 같아요.

🐾 정다각형의 모든 각의 크기의 합을 구하세요.

1

60°

60°인 각이 총 3개!

➡ 60° × 3 = [    ]°

한 각의 크기    각의 수

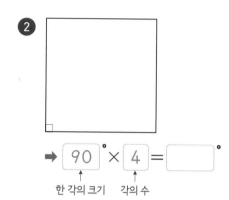

2

➡ 90° × 4 = [    ]°

한 각의 크기    각의 수

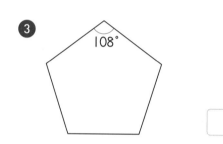

3

108°

[    ]°

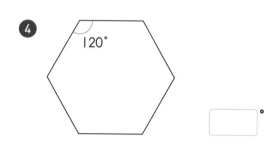

4

120°

[    ]°

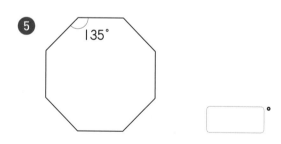

5

135°

[    ]°

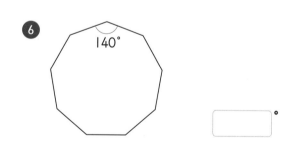

6

140°

[    ]°

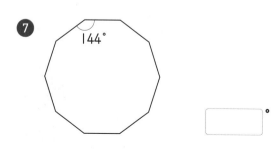

7

144°

[    ]°

정다각형은 모든 각의 크기가 같아요!

🐾 다음 문장을 읽고 문제를 풀어 보세요.

❶ 한 변의 길이가 4 cm이고 둘레가 36 cm인 정다각형이 있습니다. 이 정다각형의 이름은 무엇일까요?

(변의 수)
=(정다각형의 둘레)
÷(한 변의 길이)

❷ 한 각의 크기가 120°이고 모든 각의 크기의 합이 720°인 정다각형이 있습니다. 이 정다각형의 이름은 무엇일까요?

자주 나오는 정다각형의 내각의 크기의 합은 기억해 두면 좋아요!

• 정삼각형: 180°
• 정사각형: 360°
• 정오각형: 540°
• 정육각형: 720°

❸ 둘레가 84 cm인 정십이각형이 있습니다. 이 도형의 한 변의 길이는 몇 cm일까요?

❹ 길이가 1 m인 철사를 겹치지 않게 사용하여 한 변의 길이가 5 cm인 정오각형을 여러 개 만들었습니다. 정오각형은 몇 개 만들 수 있을까요?

1 m=100 cm

하나의 정오각형을 만드는 데에 사용하는 철사의 길이를 먼저 계산해요.

# 09

# 다각형에서 대각선의 성질을 알아봐

☆ **대각선**: 서로 이웃하지 않은 두 꼭짓점을 이은 선분

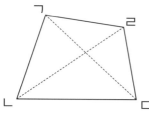

➡ 대각선: 선분 ㄱㄷ, 선분 ㄴㄹ

> 삼각형은 꼭짓점 3개가 서로 이웃하고 있어서 대각선을 그을 수 없어요.

바빠 꿀팁!

• 대각선은 꼭짓점끼리 이은 선분이에요!

바르게 그은 대각선

잘못 그은 대각선

➡ 꼭짓점이 아니에요!

➡ 꼭짓점이 아니에요!

## ☆ 대각선의 성질

| 성질 \ 사각형 | 평행사변형 | 마름모 | 직사각형 | 정사각형 |
|---|---|---|---|---|
| 한 대각선이 다른 대각선을 똑같이 반으로 나눈다. | ○ | ○ | ○ | ○ |
| 두 대각선이 서로 수직으로 만난다. | | ○ | | ○ |
| 두 대각선의 길이가 같다. | | | ○ | ○ |

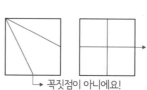

> 정사각형은 모든 성질을 다 가지고 있어요!

직사각형에서 두 대각선의 길이는 같아요.
그리고 한 대각선이 다른 대각선을 똑같이 반으로 나누어요.

🐾 직사각형입니다. ☐ 안에 알맞은 수를 써넣으세요.

①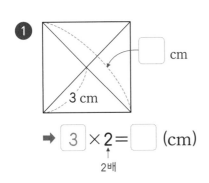

3 cm
☐ cm

➡ $\boxed{3} \times 2 = \boxed{\phantom{0}}$ (cm)
2배

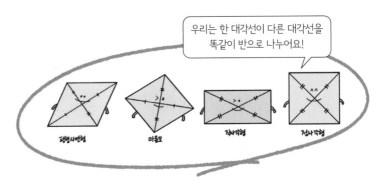

우리는 한 대각선이 다른 대각선을 똑같이 반으로 나누어요!

평행사변형    마름모    직사각형    정사각형

②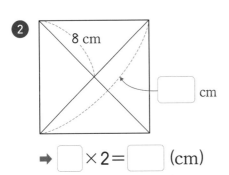

8 cm
☐ cm

➡ $\boxed{\phantom{0}} \times 2 = \boxed{\phantom{0}}$ (cm)

③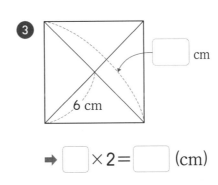

☐ cm
6 cm

➡ $\boxed{\phantom{0}} \times 2 = \boxed{\phantom{0}}$ (cm)

④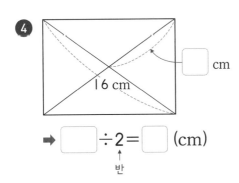

☐ cm
16 cm

➡ $\boxed{\phantom{0}} \div 2 = \boxed{\phantom{0}}$ (cm)
반

⑤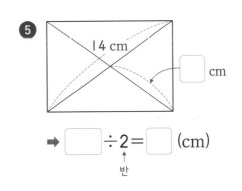

14 cm
☐ cm

➡ $\boxed{\phantom{0}} \div 2 = \boxed{\phantom{0}}$ (cm)
반

⑥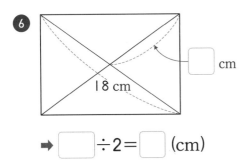

☐ cm
18 cm

➡ $\boxed{\phantom{0}} \div 2 = \boxed{\phantom{0}}$ (cm)

⑦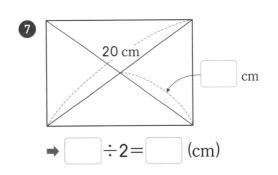

20 cm
☐ cm

➡ $\boxed{\phantom{0}} \div 2 = \boxed{\phantom{0}}$ (cm)

B

한 대각선이 다른 대각선을 똑같이 반으로 나누는
평행사변형의 성질을 이용해서 두 대각선의 길이의 합을 구해 봐요.

🐾 평행사변형의 성질을 이용하여 두 대각선의 길이의 합을 구하는 식을 쓰고 답을 구하세요.

**①**

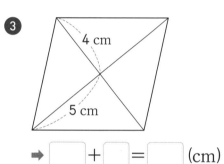

➡ $\boxed{14}$ + $\boxed{10}$ = $\boxed{\phantom{0}}$ (cm)

　한 대각선　다른 대각선

**②**

➡ $\boxed{\phantom{0}}$ + $\boxed{\phantom{0}}$ = $\boxed{\phantom{0}}$ (cm)

　한 대각선　다른 대각선

**③**

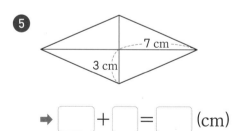

➡ $\boxed{\phantom{0}}$ + $\boxed{\phantom{0}}$ = $\boxed{\phantom{0}}$ (cm)

**④**

➡ $\boxed{\phantom{0}}$ + $\boxed{\phantom{0}}$ = $\boxed{\phantom{0}}$ (cm)

**⑤**

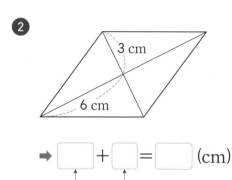

➡ $\boxed{\phantom{0}}$ + $\boxed{\phantom{0}}$ = $\boxed{\phantom{0}}$ (cm)

**⑥**

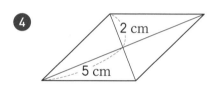

➡ $\boxed{\phantom{0}}$ + $\boxed{\phantom{0}}$ = $\boxed{\phantom{0}}$ (cm)

**⑦**

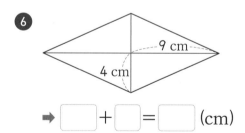

➡ $\boxed{\phantom{0}}$ + $\boxed{\phantom{0}}$ = $\boxed{\phantom{0}}$ (cm)

**⑧**

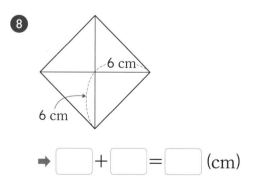

➡ $\boxed{\phantom{0}}$ + $\boxed{\phantom{0}}$ = $\boxed{\phantom{0}}$ (cm)

🐾 직사각형의 성질을 이용하여 ☐ 안에 알맞은 수를 써넣으세요.

**①**

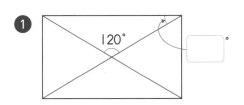

120°

☐°

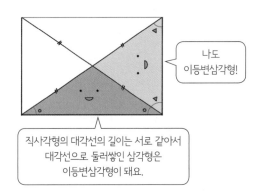

나도
이등변삼각형!

직사각형의 대각선의 길이는 서로 같아서
대각선으로 둘러쌓인 삼각형은
이등변삼각형이 돼요.

**②**

110°

☐°

**③**

100°

☐°

**④**

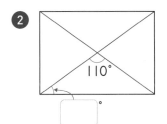

40°

☐°

**⑤**

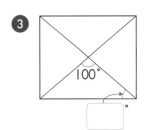

60°

☐°

**⑥**

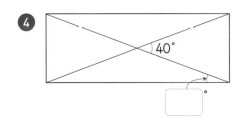

64°

☐°

**⑦**

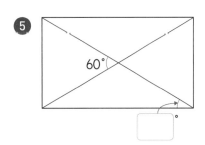

52°

☐°

• 마름모의 성질
❶ 한 대각선이 다른 대각선을 똑같이 반으로 나눈다.
❷ 두 대각선이 서로 수직으로 만난다.

🐾 마름모의 성질을 이용하여 ☐ 안에 알맞은 수를 써넣으세요.

❶

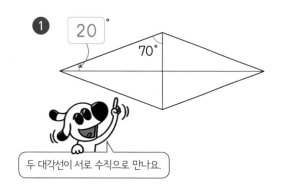

20°    70°

두 대각선이 서로 수직으로 만나요.

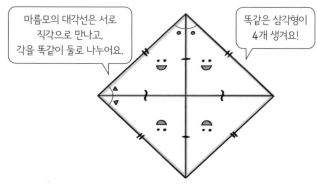

마름모의 대각선은 서로
직각으로 만나고,
각을 똑같이 둘로 나누어요.

똑같은 삼각형이
4개 생겨요!

❷

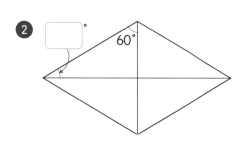

60°

❸

55°

❹

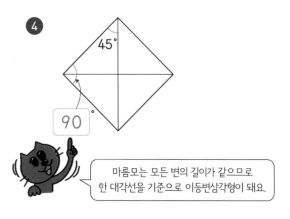

45°

90°

마름모는 모든 변의 길이가 같으므로
한 대각선을 기준으로 이등변삼각형이 돼요.

❺

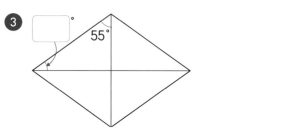

50°

❻

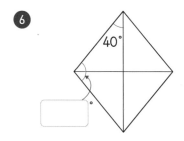

40°

❼

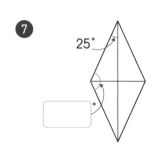

25°

🐾 사각형 ㄱㄴㄷㄹ은 평행사변형이고, 사각형 ㄱㄷㅁㄹ
은 마름모입니다. 문제를 풀어 보세요. [①~③]

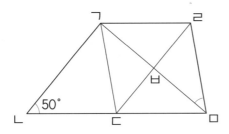

① 각 ㄱㄹㄷ은 몇 도일까요?

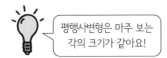
평행사변형은 마주 보는
각의 크기가 같아요! _____

마주 보는
각

평행사변형

② 각 ㄷㄹㅁ은 몇 도 일까요?

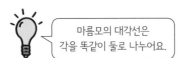
마름모의 대각선은
각을 똑같이 둘로 나누어요. _____

마름모

③ 각 ㄱㅁㄹ은 몇 도일까요?

마름모의 두 대각선은
서로 수직으로 만나요! _____

마름모

# 10 대각선을 그으면 다각형의 각을 알 수 있어

## ☆ 대각선의 수

| 다각형 | 사각형 | 오각형 | 육각형 | ...... | ●각형 |
|---|---|---|---|---|---|
| 꼭짓점의 수(개) | 4 | 5 | 6 | ...... | ● |
| 한 꼭짓점에서 그을 수 있는 대각선의 수(개) | 1 | 2 | 3 | ...... | ●−3 |
| 그을 수 있는 대각선의 수(개) | 2 | 5 | 9 | ...... | 두 개씩 겹쳐요! (●−3)×●÷2 |

바빠 꿀팁!

• 대각선의 수를 구할 때, 꼭짓점의 수에서 3을 빼는 이유
 자기 자신과 양 옆에 이웃한 꼭짓점까지 모두 3개를 빼고
 남은 꼭짓점에 대각선을 그을 수 있어요.

이웃한 꼭짓점
자기 자신
이웃한 꼭짓점

5−3=2(개)의 꼭짓점에 대각선을 그을 수 있어요.

## ☆ 다각형의 각

| 다각형 | 사각형 | 오각형 | 육각형 | ...... | ●각형 |
|---|---|---|---|---|---|
| 꼭짓점의 수(개) | 4 | 5 | 6 | ...... | ● |
| 한 꼭짓점에서 대각선을 그었을 때 만들어지는 삼각형의 수(개) | 2 | 3 | 4 | ...... | ●−2 |
| 내각의 크기의 합 | 360° | 540° | 720° | ...... | 180°×(●−2) |

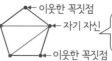

삼각형 2개로 이루어져 있어요!
➡ 180°×2=360°

꼭짓점이 하나씩 늘어날 때마다
다각형의 내각의 크기의 합은 180°씩 커져요!

 서로 이웃하지 않는 꼭짓점을 모두 이어 대각선을 직접 그어 확인해 봐요.

🐾 한 꼭짓점 ㄱ에서 대각선을 모두 그었을 때, ☐ 안에 알맞은 수를 써넣으세요.

**1**

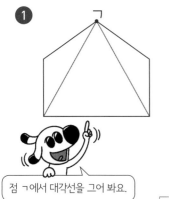

점 ㄱ에서 대각선을 그어 봐요.

➡ 대각선의 수: ☐ 개 — (꼭짓점의 수)−3

➡ 삼각형의 수: ☐ 개 — (꼭짓점의 수)−2

**2**

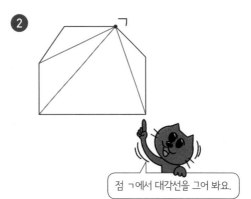

점 ㄱ에서 대각선을 그어 봐요.

➡ 대각선의 수: ☐ 개

➡ 삼각형의 수: ☐ 개

**3**

➡ 대각선의 수: ☐ 개

➡ 삼각형의 수: ☐ 개

**4**

➡ 대각선의 수: ☐ 개

➡ 삼각형의 수: ☐ 개

**5**

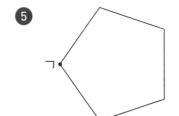

➡ 대각선의 수: ☐ 개

➡ 삼각형의 수: ☐ 개

**6**

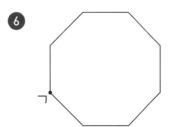

➡ 대각선의 수: ☐ 개

➡ 삼각형의 수: ☐ 개

🐾 다각형에서 그을 수 있는 대각선의 수를 구하는 식을 쓰고 답을 구하세요.

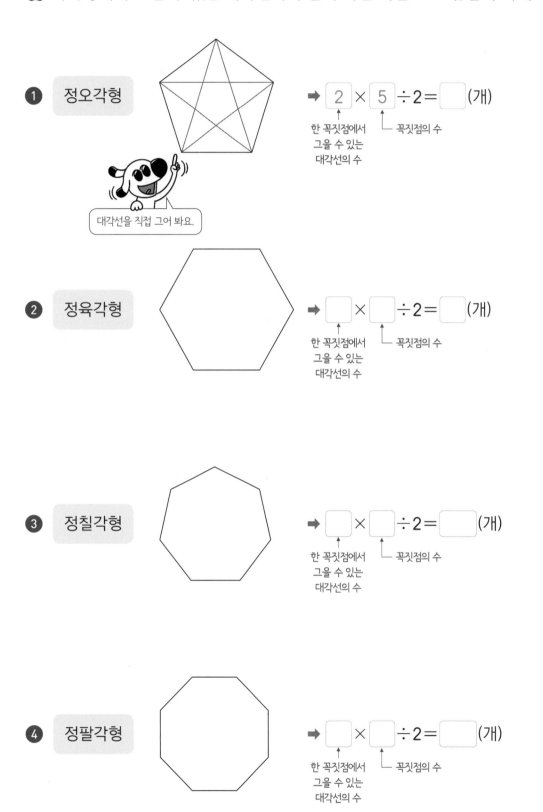

❶ 정오각형

➡ $\boxed{2} \times \boxed{5} \div 2 = \boxed{\phantom{0}}$ (개)

한 꼭짓점에서
그을 수 있는
대각선의 수 ┘     └ 꼭짓점의 수

대각선을 직접 그어 봐요.

❷ 정육각형

➡ $\boxed{\phantom{0}} \times \boxed{\phantom{0}} \div 2 = \boxed{\phantom{0}}$ (개)

한 꼭짓점에서
그을 수 있는
대각선의 수 ┘     └ 꼭짓점의 수

❸ 정칠각형

➡ $\boxed{\phantom{0}} \times \boxed{\phantom{0}} \div 2 = \boxed{\phantom{0}}$ (개)

한 꼭짓점에서
그을 수 있는
대각선의 수 ┘     └ 꼭짓점의 수

❹ 정팔각형

➡ $\boxed{\phantom{0}} \times \boxed{\phantom{0}} \div 2 = \boxed{\phantom{0}}$ (개)

한 꼭짓점에서
그을 수 있는
대각선의 수 ┘     └ 꼭짓점의 수

다각형을 삼각형으로 나누어 다각형의 각의 크기의 합을 구해요.

🐾 다각형의 각의 크기의 합을 구하는 식을 쓰고 답을 구하세요.

**1** 오각형

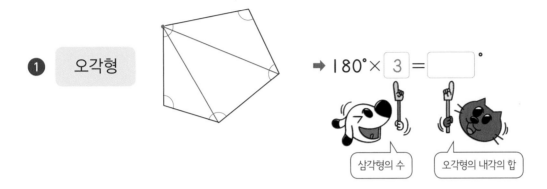

➡ $180° \times \boxed{3} = \boxed{\phantom{000}}°$

삼각형의 수     오각형의 내각의 합

**2** 정육각형

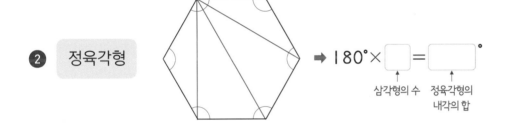

➡ $180° \times \boxed{\phantom{0}} = \boxed{\phantom{000}}°$

삼각형의 수   정육각형의 내각의 합

**3** 정칠각형

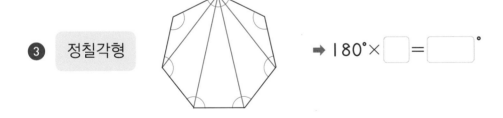

➡ $180° \times \boxed{\phantom{0}} = \boxed{\phantom{000}}°$

**4** 팔각형

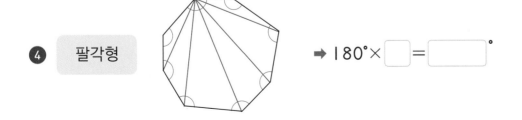

➡ $180° \times \boxed{\phantom{0}} = \boxed{\phantom{000}}°$

🐾 다음 문장을 읽고 문제를 풀어 보세요.

**1** 정오각형의 한 꼭짓점에서 그을 수 있는 대각선은 모두 몇 개일까요?

• 대각선을 직접 그어 알아봐요.

---

**2** 육각형에서 그을 수 있는 대각선은 모두 몇 개일까요?

• 대각선을 직접 그어 알아봐요.

---

**3** 팔각형의 한 꼭짓점에서 대각선을 그었을 때 만들어지는 삼각형은 모두 몇 개일까요?

---

**4** 오각형의 내각의 크기의 합은 몇 도일까요?

---

# 넷째 마당

# 삼각형과 사각형의 넓이

넷째 마당에서는 삼각형과 다양한 사각형의 넓이에 대해 배워요. 네 개의 변으로 이루어진 다양한 사각형의 특징을 기억하면 넓이도 쉽게 구할 수 있어요. 여러 사각형의 넓이를 배우는 만큼 헷갈리기 쉬우니 꼭 하나하나 기억하고 넘어가야 해요.

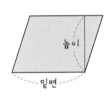
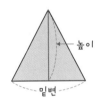
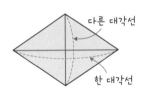
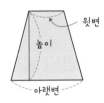

| | 공부할 내용! | 완료 | 10일 진도 | 20일 진도 |
|---|---|---|---|---|
| 11 | 직사각형의 넓이는 가로와 세로의 곱! | ☐ | 5일차 | 10일차 |
| 12 | 평행사변형의 넓이는 밑변의 길이와 높이의 곱! | ☐ | | 11일차 |
| 13 | 삼각형의 넓이는 밑변의 길이와 높이를 곱해 2로 나누어 | ☐ | 6일차 | 12일차 |
| 14 | 마름모의 넓이는 두 대각선의 길이만 알면 돼 | ☐ | | 13일차 |
| 15 | 사다리꼴의 넓이는 평행사변형의 넓이를 이용해 | ☐ | | 14일차 |

# 11 직사각형의 넓이는 가로와 세로의 곱!

## ☆ 넓이의 단위

• 1 cm²: 한 변의 길이가 1 cm인 정사각형의 넓이

쓰기 $1\text{ cm}^2$  읽기 1제곱센티미터

• 1 m²: 한 변의 길이가 1 m인 정사각형의 넓이

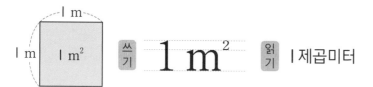

쓰기 $1\text{ m}^2$  읽기 1제곱미터

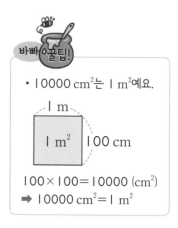

• 10000 cm²는 1 m²예요.

1 m

1 m² 100 cm

$100 \times 100 = 10000 \text{ (cm}^2)$
➡ $10000 \text{ cm}^2 = 1 \text{ m}^2$

## ☆ 직사각형의 넓이

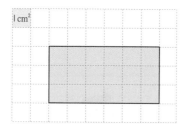

1 cm²

가로가 6 cm, 세로가 3 cm인 직사각형에는
1 cm²가 18개 들어갑니다.
  ↳ $6 \times 3$

(직사각형의 넓이)=(가로)×(세로)

## ☆ 정사각형의 넓이

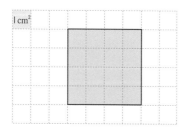

1 cm²

한 변의 길이가 4 cm인 정사각형에는
1 cm²가 16개 들어갑니다.
  ↳ $4 \times 4$

(정사각형의 넓이)=(한 변의 길이)×(한 변의 길이)

정사각형은 가로와 세로의 길이가 같으므로
가로와 세로의 곱으로 넓이를 구해도 돼요.

모눈이 몇 칸인지 세어서 넓이를 알 수 있어요.
모눈 한 칸의 넓이에 따라 도형의 넓이가 달라져요.

🐾 모눈의 수를 세어 직사각형의 넓이를 구하세요.

**①**

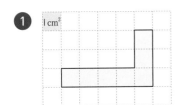

| 모눈의 수(칸) | 넓이(cm²) |
|---|---|
|  |  |

한 칸의 크기가 1 cm²이므로 색칠된
모눈의 수가 주어진 도형의 넓이가 돼요.

**②**

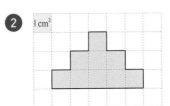

| 모눈의 수(칸) | 넓이(cm²) |
|---|---|
|  |  |

**③**

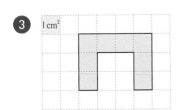

| 모눈의 수(칸) | 넓이(cm²) |
|---|---|
|  |  |

**④**

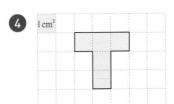

| 모눈의 수(칸) | 넓이(cm²) |
|---|---|
|  |  |

**⑤**

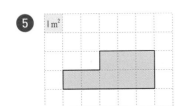

| 모눈의 수(칸) | 넓이(m²) |
|---|---|
|  |  |

**⑥**

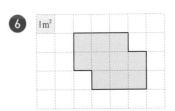

| 모눈의 수(칸) | 넓이(m²) |
|---|---|
|  |  |

한 칸의 크기가 1 m²로 단위가
바뀌어도 구하는 방법은 똑같아요.

가로와 세로에 모눈이 몇 개씩 있는지 세어 넓이를 구해요.

🐾 모눈의 수를 세어 직사각형의 넓이를 구하세요.

❶

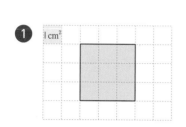

정사각형은 직사각형이라고 할 수 있어요!

| 가로(cm) | 세로(cm) | 넓이(cm$^2$) |
|---|---|---|
|  |  |  |

❷

| 가로(cm) | 세로(cm) | 넓이(cm$^2$) |
|---|---|---|
|  |  |  |

❸

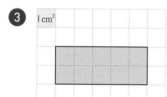

| 가로(cm) | 세로(cm) | 넓이(cm$^2$) |
|---|---|---|
|  |  |  |

❹

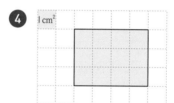

| 가로(cm) | 세로(cm) | 넓이(cm$^2$) |
|---|---|---|
|  |  |  |

❺

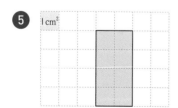

| 가로(cm) | 세로(cm) | 넓이(cm$^2$) |
|---|---|---|
|  |  |  |

❻

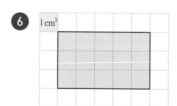

| 가로(cm) | 세로(cm) | 넓이(cm$^2$) |
|---|---|---|
|  |  |  |

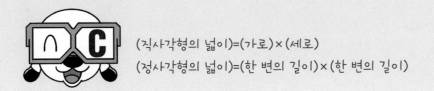

(직사각형의 넓이)=(가로)×(세로)

(정사각형의 넓이)=(한 변의 길이)×(한 변의 길이)

🐾 직사각형의 넓이를 구하세요.

❶ 40 cm, 60 cm

직사각형의 넓이는 가로와 세로의 곱으로 구해요!

➡ 40 × 60 = ☐ (cm²)

가로     세로

❷ 60 cm, 60 cm

➡ ☐ × ☐ = ☐ (cm²)

└─ 한 변의 ─┘
길이

❸ 90 cm, 70 cm

➡ ☐ × ☐ = ☐ (cm²)

❹ 80 cm, 80 cm

➡ ☐ × ☐ = ☐ (cm²)

❺ 7 m, 12 m

단위를 꼭 써요!

m²

❻ 9 m, 9 m

❼ 12 m, 10 m

❽ 11 m, 11 m

직사각형의 넓이를 보고 ☐ 안에 알맞은 수를 써넣으세요.

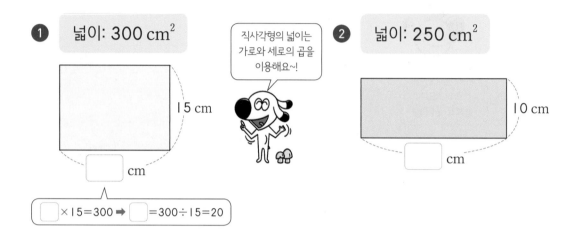

① 넓이: 300 cm²

15 cm

☐ cm

직사각형의 넓이는
가로와 세로의 곱을
이용해요~!

② 넓이: 250 cm²

10 cm

☐ cm

☐ ×15=300 ➡ ☐ =300÷15=20

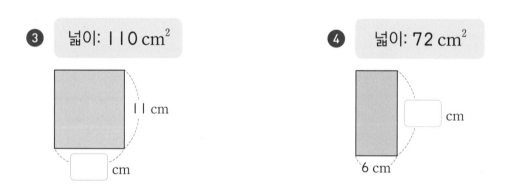

③ 넓이: 110 cm²

11 cm

☐ cm

④ 넓이: 72 cm²

☐ cm

6 cm

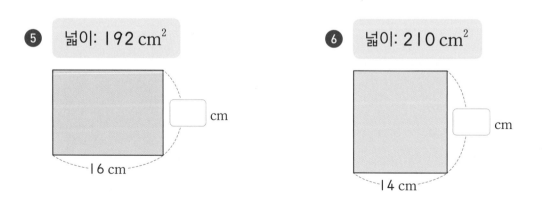

⑤ 넓이: 192 cm²

☐ cm

16 cm

⑥ 넓이: 210 cm²

☐ cm

14 cm

쉬운 문장제로 연산의 기본 개념을 익혀 봐요!

🐾 다음 문장을 읽고 문제를 풀어 보세요.

① 가로가 5 cm이고, 세로가 9 cm인 직사각형의 넓이는 몇 $cm^2$ 일까요?

$$cm^2$$

(직사각형의 넓이)
= (가로) × (세로)

② 가로가 4 cm, 세로가 9 cm인 직사각형과 넓이가 같은 정사각형이 있습니다. 정사각형의 한 변의 길이는 몇 cm일까요?

직사각형의 넓이를 먼저 구해요.

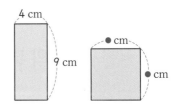

(직사각형의 넓이)
= 4 × 9 = 36 $(cm^2)$
(정사각형의 넓이)
= ● × ● = 36 $(cm^2)$

③ 둘레가 30 cm이고 넓이가 56 $cm^2$인 직사각형이 있습니다. 이 직사각형의 가로가 세로보다 길 때 가로는 몇 cm일까요?

가로가 세로보다 길어요!

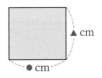

(● + ▲) × 2 = 30
● × ▲ = 56

④ 직사각형의 가로를 2배 하여 새로운 직사각형을 만들었습니다. 새로 만든 직사각형의 넓이는 처음 직사각형의 넓이의 몇 배일까요?

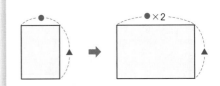

# 평행사변형의 넓이는 밑변의 길이와 높이의 곱!

## ☆ 평행사변형의 밑변과 높이

평행한 두 변을 밑변이라 하고, 두 밑변 사이의 거리를 높이라고 합니다.

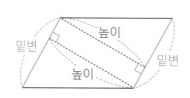
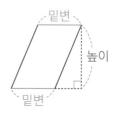

## ☆ 평행사변형의 넓이

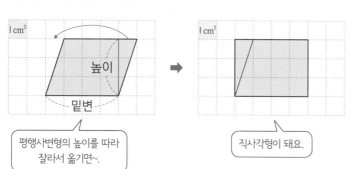

평행사변형의 높이를 따라 잘라서 옮기면~.

직사각형이 돼요.

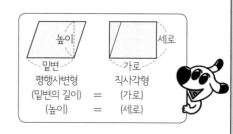

평행사변형     직사각형
(밑변의 길이) = (가로)
(높이) = (세로)

(평행사변형의 넓이)＝(직사각형의 넓이)＝(밑변의 길이)×(높이)

바빠 꿀팁!

• 넓이가 같은 평행사변형

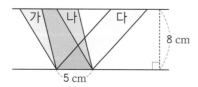

평행사변형은 밑변의 길이와 높이가 같으면 모양이 달라도 넓이가 모두 같아요!

 평행사변형의 높이를 따라 잘라서 생긴 도형으로 직사각형을 만들어 봐요.

🐾 직사각형의 넓이를 이용하여 평행사변형의 넓이를 구하세요.

❶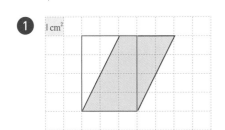

| 가로(cm) | 세로(cm) | 넓이(cm²) |
|---|---|---|
|  |  |  |

❷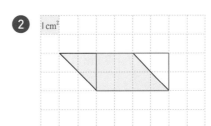

| 가로(cm) | 세로(cm) | 넓이(cm²) |
|---|---|---|
|  |  |  |

❸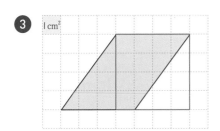

| 가로(cm) | 세로(cm) | 넓이(cm²) |
|---|---|---|
|  |  |  |

❹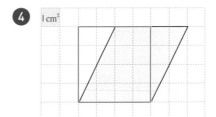

| 가로(cm) | 세로(cm) | 넓이(cm²) |
|---|---|---|
|  |  |  |

❺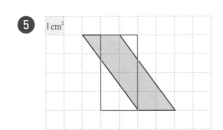

| 가로(cm) | 세로(cm) | 넓이(cm²) |
|---|---|---|
|  |  |  |

❻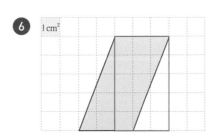

| 가로(cm) | 세로(cm) | 넓이(cm²) |
|---|---|---|
|  |  |  |

(평행사변형의 넓이)=(밑변의 길이)×(높이)

🐾 평행사변형의 넓이를 구하세요.

①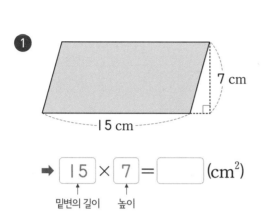

7 cm

15 cm

➡ $15 \times 7 =$ ⬚ (cm²)

밑변의 길이   높이

②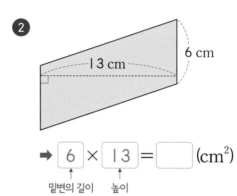

13 cm

6 cm

➡ $6 \times 13 =$ ⬚ (cm²)

밑변의 길이   높이

③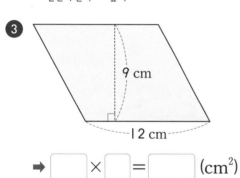

9 cm

12 cm

➡ ⬚ × ⬚ = ⬚ (cm²)

④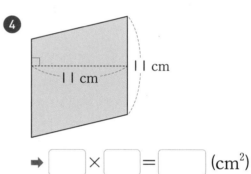

11 cm

11 cm

➡ ⬚ × ⬚ = ⬚ (cm²)

⑤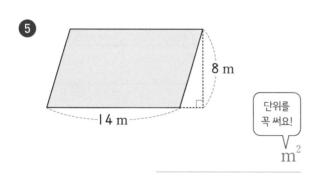

8 m

14 m

단위를
꼭 써요!

m²

⑥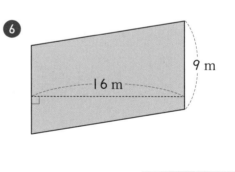

16 m

9 m

⑦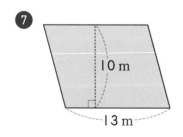

10 m

13 m

⑧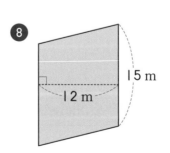

15 m

12 m

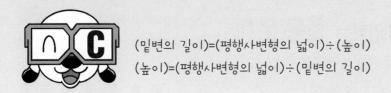

(밑변의 길이)=(평행사변형의 넓이)÷(높이)

(높이)=(평행사변형의 넓이)÷(밑변의 길이)

🐾 평행사변형의 넓이를 보고 ☐ 안에 알맞은 수를 써넣으세요.

**1** 넓이: 180 cm²

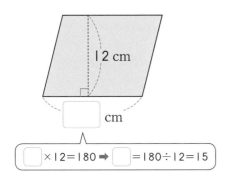

12 cm

☐ cm

☐ ×12=180 ➡ ☐ =180÷12=15

**2** 넓이: 289 cm²

17 cm

☐ cm

**3** 넓이: 252 cm²

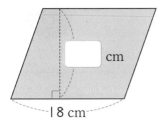

☐ cm

18 cm

**4** 넓이: 176 cm²

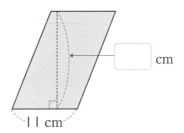

☐ cm

11 cm

**5** 넓이: 247 cm²

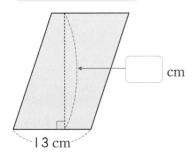

☐ cm

13 cm

**6** 넓이: 360 cm²

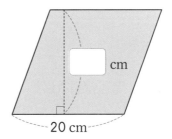

☐ cm

20 cm

삼각형과 사각형의 넓이   83

🐾 가로가 57 cm, 세로가 18 cm인 직사각형 2개를 겹치
게 놓았습니다. 문제를 풀어 보세요. [❶~❹]

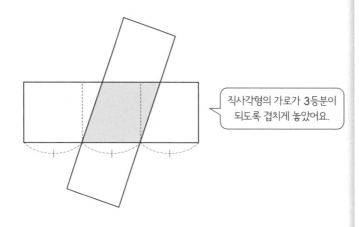

직사각형의 가로가 3등분이
되도록 겹치게 놓았어요.

❶ 겹치는 부분은 어떤 모양일까요?

직사각형은 마주 보는 두 변이
서로 평행하므로 겹쳐진 사각형도
마주 보는 두 변이 평행해요.

❷ 겹쳐진 모양의 밑변의 길이는 몇 cm일까요?

밑변의 길이는
직사각형의 가로를
똑같이 셋으로 나눈
것 중의 하나예요.

❸ 겹쳐진 모양의 높이는 몇 cm일까요?

❹ 겹쳐진 모양의 넓이는 몇 cm²일까요?

(평행사변형의 넓이)
=(밑변의 길이)×(높이)

# 13 삼각형의 넓이는 밑변의 길이와 높이를 곱해 2로 나누어

## ☆ 삼각형의 밑변과 높이

삼각형에서 어느 한 변을 밑변이라고 하면, 그 밑변과 마주 보는 꼭짓점에서 밑변에 수직으로 그은 선분의 길이를 높이라고 합니다.

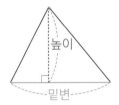

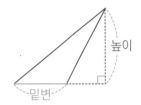

## ☆ 삼각형의 넓이

방법 1 크기가 같은 삼각형 2개로 구하기

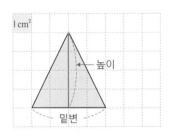
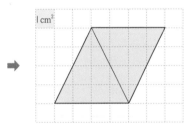

똑같은 삼각형 2개를 겹치지 않게 이어 붙이면 평행사변형이 돼요~.

(삼각형의 넓이)=(평행사변형의 넓이)÷2=(밑변의 길이)×(높이)÷2

방법 2 삼각형의 높이를 반으로 잘라 구하기

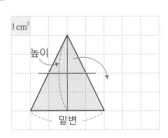
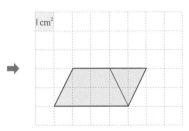

높이를 반으로 나누어 삼각형을 이어 붙이면 평행사변형이 돼요~.

(삼각형의 넓이)=(평행사변형의 넓이)=(밑변의 길이)×(높이)÷2

바빠 꿀팁!

• 넓이가 같은 삼각형

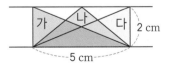

삼각형은 밑변의 길이와 높이가 같으면 모양이 달라도 넓이가 모두 같아요!

삼각형과 사각형의 넓이    85

🐾 평행사변형의 넓이를 이용하여 삼각형의 넓이를 구하세요.

**❶**

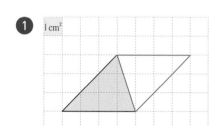

| 밑변의 길이 (cm) | 높이(cm) | 넓이(cm²) |
|---|---|---|
|  |  |  |

× ÷2

**❷**

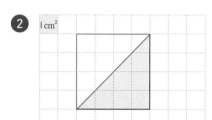

| 밑변의 길이 (cm) | 높이(cm) | 넓이(cm²) |
|---|---|---|
|  |  |  |

× ÷2

**❸**

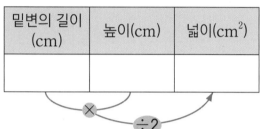
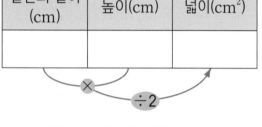

| 밑변의 길이 (cm) | 높이(cm) | 넓이(cm²) |
|---|---|---|
|  |  |  |

**❹**

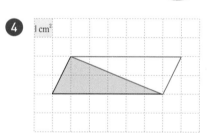

| 밑변의 길이 (cm) | 높이(cm) | 넓이(cm²) |
|---|---|---|
|  |  |  |

**❺**

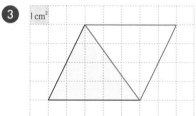

| 밑변의 길이 (cm) | 높이(cm) | 넓이(cm²) |
|---|---|---|
|  |  |  |

**❻**

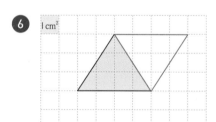

| 밑변의 길이 (cm) | 높이(cm) | 넓이(cm²) |
|---|---|---|
|  |  |  |

🐾 삼각형의 넓이를 구하세요.

❶
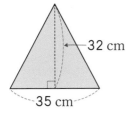
32 cm
35 cm

➡ $35 \times 32 \div 2 =$ ☐ $(cm^2)$

밑변의 길이  높이

❷
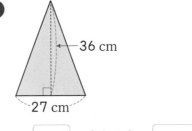
36 cm
27 cm

➡ ☐ $\times 36 \div 2 =$ ☐ $(cm^2)$

밑변의 길이  높이

❸
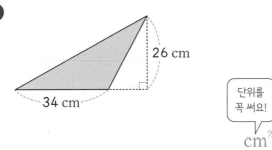
26 cm
34 cm

단위를
꼭 써요!

$cm^2$

❹
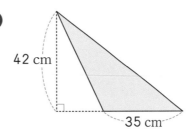
42 cm
35 cm

❺
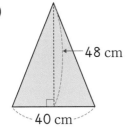
48 cm
40 cm

❻
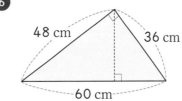
48 cm
36 cm
60 cm

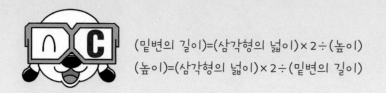

(밑변의 길이)=(삼각형의 넓이)×2÷(높이)

(높이)=(삼각형의 넓이)×2÷(밑변의 길이)

🐾 삼각형의 넓이를 보고 ☐ 안에 알맞은 수를 써넣으세요.

❶ 넓이: 200 cm²

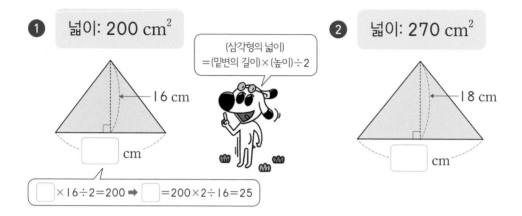

(삼각형의 넓이)
=(밑변의 길이)×(높이)÷2

16 cm

☐ cm

☐ ×16÷2=200 ➡ ☐ =200×2÷16=25

❷ 넓이: 270 cm²

18 cm

☐ cm

❸ 넓이: 204 cm²

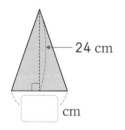

24 cm

☐ cm

❹ 넓이: 341 cm²

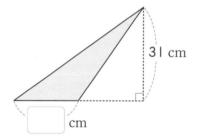

31 cm

☐ cm

❺ 넓이: 196 cm²

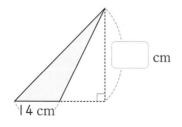

☐ cm

14 cm

❻ 넓이: 320 cm²

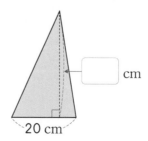

☐ cm

20 cm

😺 삼각형 ㄱㄴㄷ을 보고 문제를 풀어 보세요. [❶~❹]

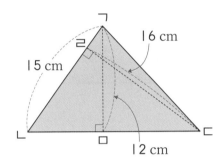

❶ 삼각형 ㄱㄴㄷ의 밑변을 변 ㄱㄴ이라고 할 때, 높이는 몇 cm일까요?

❷ 삼각형 ㄱㄴㄷ의 밑변을 변 ㄴㄷ이라고 할 때, 높이는 몇 cm일까요?

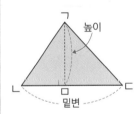

❸ 삼각형 ㄱㄴㄷ의 넓이는 몇 cm²일까요?

(삼각형의 넓이)
＝(밑변의 길이)×(높이)÷2

❹ 삼각형 ㄱㄴㄷ에서 변 ㄴㄷ의 길이는 몇 cm일까요?

삼각형 ㄱㄴㄷ의 넓이는 변하지 않아요.

삼각형과 사각형의 넓이   89

# 14 마름모의 넓이는 두 대각선의 길이만 알면 돼

## ☆ 마름모의 넓이

 평행사변형의 넓이를 이용하여 구하기

한 대각선을 따라 자른 다음 옮기면~.

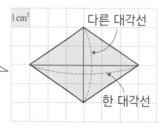

다른 대각선

한 대각선

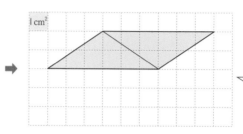

마주 보는 두 변이 서로 평행한 평행사변형이 돼요.

(마름모의 넓이)=(한 대각선의 길이)×(다른 대각선의 길이)÷2

평행사변형의 **밑변**의 길이예요.

평행사변형의 **높이**를 나타내요.

 바빠 꿀팁!

• 마름모의 두 대각선

마름모의 두 대각선은 서로 수직으로 만나고, 서로를 똑같이 둘로 나누어요.

방법 2 직사각형의 넓이를 이용하여 구하기

마름모를 둘러싸는 직사각형을 그리면~.

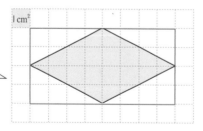

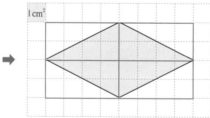

직사각형의 넓이의 반이 마름모의 넓이가 돼요~.

(마름모의 넓이)=(한 대각선의 길이)×(다른 대각선의 길이)÷2

마름모를 둘러싸는 **직사각형의 넓이**예요.

마름모의 넓이는 직사각형의 넓이의 **절반**이에요.

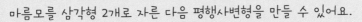

🐾 평행사변형의 넓이를 이용하여 마름모의 넓이를 구하세요.

**1**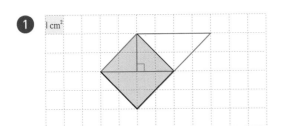

| 밑변의 길이 (cm) | 높이(cm) | 넓이(cm²) |
|---|---|---|
|  |  |  |

**2**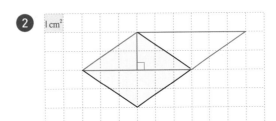

| 밑변의 길이 (cm) | 높이(cm) | 넓이(cm²) |
|---|---|---|
|  |  |  |

**3**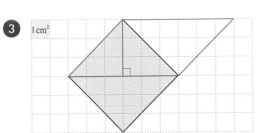

| 밑변의 길이 (cm) | 높이(cm) | 넓이(cm²) |
|---|---|---|
|  |  |  |

**4**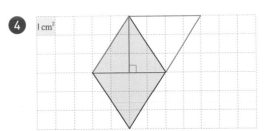

| 밑변의 길이 (cm) | 높이(cm) | 넓이(cm²) |
|---|---|---|
|  |  |  |

**5**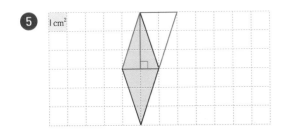

| 밑변의 길이 (cm) | 높이(cm) | 넓이(cm²) |
|---|---|---|
|  |  |  |

**6**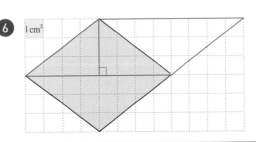

| 밑변의 길이 (cm) | 높이(cm) | 넓이(cm²) |
|---|---|---|
|  |  |  |

🐾 직사각형의 넓이를 이용하여 마름모의 넓이를 구하세요.

**1**

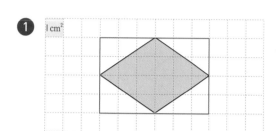

| 가로(cm) | 세로(cm) | 넓이(cm$^2$) |
|---|---|---|
|  |  |  |

**2**

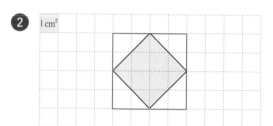

| 가로(cm) | 세로(cm) | 넓이(cm$^2$) |
|---|---|---|
|  |  |  |

**3**

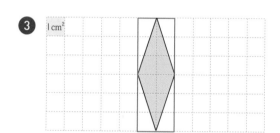

| 가로(cm) | 세로(cm) | 넓이(cm$^2$) |
|---|---|---|
|  |  |  |

**4**

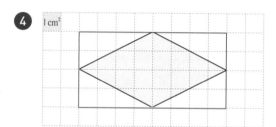

| 가로(cm) | 세로(cm) | 넓이(cm$^2$) |
|---|---|---|
|  |  |  |

**5**

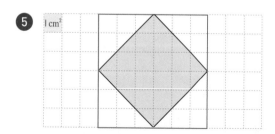

| 가로(cm) | 세로(cm) | 넓이(cm$^2$) |
|---|---|---|
|  |  |  |

**6**

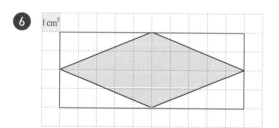

| 가로(cm) | 세로(cm) | 넓이(cm$^2$) |
|---|---|---|
|  |  |  |

 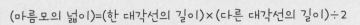

(마름모의 넓이)=(한 대각선의 길이)×(다른 대각선의 길이)÷2

🐾 마름모의 넓이를 구하세요.

**1**

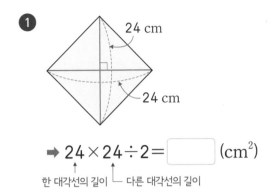

➡ 24 × 24 ÷ 2 = ☐ (cm²)

   ↑ 한 대각선의 길이 └ 다른 대각선의 길이

**2**

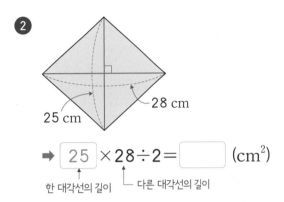

➡ 25 × 28 ÷ 2 = ☐ (cm²)

   ↑ 한 대각선의 길이 └ 다른 대각선의 길이

**3**

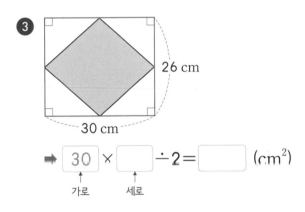

26 cm
30 cm

➡ 30 × ☐ ÷ 2 = ☐ (cm²)

   ↑ 가로    ↑ 세로

**4**

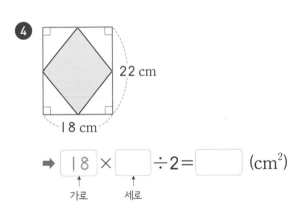

22 cm
18 cm

➡ 18 × ☐ ÷ 2 = ☐ (cm²)

   ↑ 가로    ↑ 세로

**5**

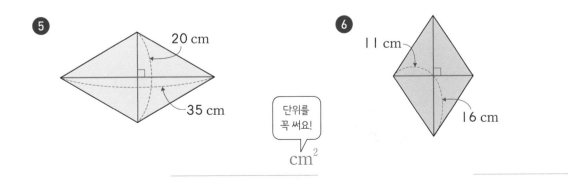

20 cm
35 cm

단위를
꼭 써요!

cm²

**6**

11 cm
16 cm

마름모의 넓이를 보고 ☐ 안에 알맞은 수를 써넣으세요.

**1** 넓이: 416 cm²

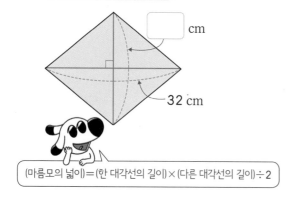

☐ cm

32 cm

(마름모의 넓이)=(한 대각선의 길이)×(다른 대각선의 길이)÷2

**2** 넓이: 336 cm²

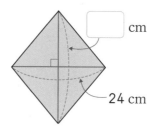

☐ cm

24 cm

**3** 넓이: 442 cm²

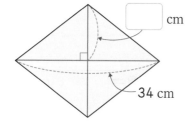

☐ cm

34 cm

**4** 넓이: 363 cm²

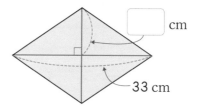

☐ cm

33 cm

**5** 넓이: 576 cm²

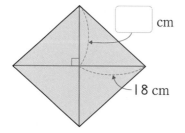

☐ cm

18 cm

알고 있는
한 대각선의 길이를
2배 하여 구해요~!

**6** 넓이: 494 cm²

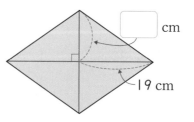

☐ cm

19 cm

🐾 다음 문장을 읽고 문제를 풀어 보세요.

**1** 대각선의 길이가 각각 15 cm, 8 cm인 마름모의 넓이는 cm² 일까요?

---

> (마름모의 넓이)
> =(한 대각선의 길이)
>   ×(다른 대각선의 길이)÷2

**2** 대각선의 길이가 각각 12 cm, 20 cm인 마름모의 넓이는 몇 cm²일까요?

---

**3** 마름모를 둘러싸는 직사각형의 가로가 15 cm, 세로가 6 cm 일 때 마름모의 넓이는 몇 cm²일까요?

---

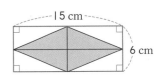

**4** 한 대각선의 길이가 10 cm인 마름모의 넓이가 30 cm²일 때, 마름모의 다른 대각선의 길이는 몇 cm일까요?

---

> 다른 대각선의 길이를
> ☐ cm라 하고 풀어 봐요~!

# 사다리꼴의 넓이는 평행사변형의 넓이를 이용해

## ☆ 사다리꼴의 밑변과 높이

사다리꼴에서 평행한 두 변을 밑변이라고 하고, 밑변 중 한 변을 윗변, 다른 밑변을 아랫변이라고 합니다. 이때 두 밑변 사이의 거리를 높이라고 합니다.

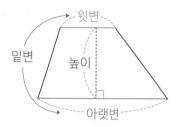

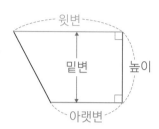

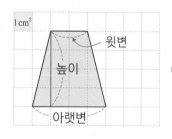

두 밑변 중 한 변이 윗변이면 다른 변은 아랫변이 돼요.

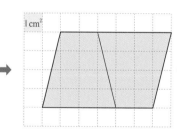

위에 있다고 윗변이 아닐 수 있어요~!

## ☆ 사다리꼴의 넓이

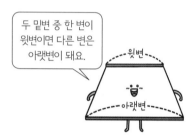

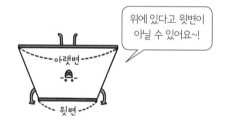

똑같은 사다리꼴 2개를 겹치지 않게 이어 붙이면 평행사변형이 돼요~.

(사다리꼴의 넓이)=((윗변의 길이)+(아랫변의 길이))×(높이)÷2

평행사변형의 넓이는 밑변의 길이와 높이의 곱이에요.

사다리꼴의 넓이는 평행사변형의 넓이의 절반이에요.

 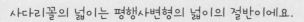

🐾 평행사변형의 넓이를 이용하여 사다리꼴의 넓이를 구하세요.

**①**

| 밑변의 길이(cm) | 높이(cm) | 넓이(cm$^2$) |
|---|---|---|
| | | |

밑변의 길이는 윗변과
아랫변의 길이를 더한 값이에요.

**②**

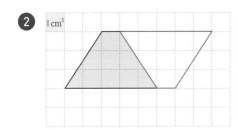

| 밑변의 길이(cm) | 높이(cm) | 넓이(cm$^2$) |
|---|---|---|
| | | |

**③**

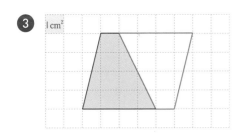

| 밑변의 길이(cm) | 높이(cm) | 넓이(cm$^2$) |
|---|---|---|
| | | |

**④**

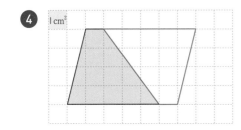

| 밑변의 길이(cm) | 높이(cm) | 넓이(cm$^2$) |
|---|---|---|
| | | |

🐾 사다리꼴의 넓이를 구하세요.

① 
8 cm
10 cm
12 cm

높이
➡ (8+12)×10÷2= ☐ (cm²)
윗변의 길이 └ 아랫변의 길이

사다리꼴의 넓이를 구할 때, 윗변과 아랫변의 길이의 합을 먼저 구해요.

② 
14 cm
9 cm
8 cm

➡ ( 14 +8)× 9 ÷2= ☐ (cm²)
윗변의 길이 └ 아랫변의 길이
높이

③ 
9 cm
10 cm
13 cm

➡ ( 9 +13)× 10 ÷2= ☐ (cm²)
윗변의 길이 └ 아랫변의 길이
높이

④ 
12 cm
10 cm
16 cm

단위를 꼭 써요!
cm²

⑤ 
15 cm
12 cm
9 cm

⑥ 
15 cm
12 cm
10 cm

⑦ 
14 cm
9 cm
18 cm

사다리꼴의 넓이를 구하는 공식은 반드시 외워둬야 해요.

🐾 사다리꼴의 넓이를 구하세요.

**1** 12 cm, 8 cm, 15 cm

단위를
꼭 써요!

$cm^2$

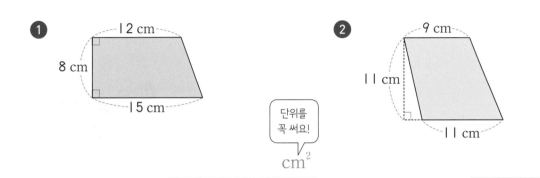

**2** 9 cm, 11 cm, 11 cm

**3** 10 cm, 9 cm, 16 cm

**4** 17 cm, 12 cm, 13 cm

**5** 6 cm, 12 cm, 18 cm

**6** 11 cm, 14 cm, 19 cm

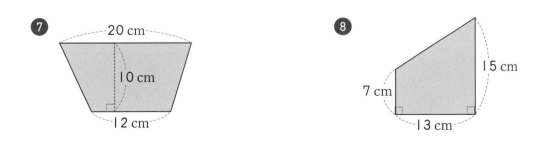

**7** 20 cm, 10 cm, 12 cm

**8** 7 cm, 15 cm, 13 cm

 사다리꼴의 넓이를 먼저 2배 한 다음 계산해 봐요.

😺 사다리꼴의 넓이를 보고 ☐ 안에 알맞은 수를 써넣으세요.

**1** 넓이: 378 cm²

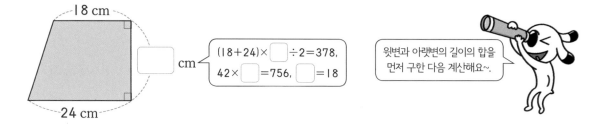

18 cm
24 cm
☐ cm

$(18+24)×☐÷2=378$,
$42×☐=756$, ☐$=18$

윗변과 아랫변의 길이의 합을
먼저 구한 다음 계산해요~.

**2** 넓이: 288 cm²

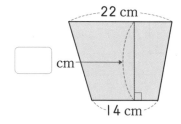

22 cm
☐ cm
14 cm

**3** 넓이: 340 cm²

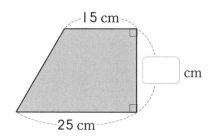

15 cm
☐ cm
25 cm

**4** 넓이: 272 cm²

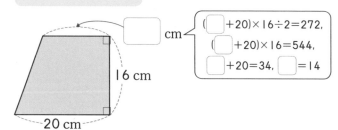

☐ cm
16 cm
20 cm

$(☐+20)×16÷2=272$,
$(☐+20)×16=544$,
☐$+20=34$, ☐$=14$

순서대로 구하면
어렵지 않아요!

**5** 넓이: 225 cm²

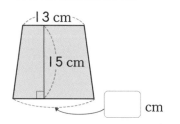

13 cm
15 cm
☐ cm

**6** 넓이: 387 cm²

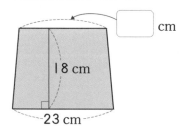

☐ cm
18 cm
23 cm

## 도전! 땅 짚고 헤엄치는 활용 문제

활용 문제도 단계별로 풀면 쉽게 해결할 수 있어요!

🐾 넓이가 495 cm²인 사다리꼴 ㄱㄴㄷㄹ이 있습니다. 문제를 풀어 보세요. [①~③]

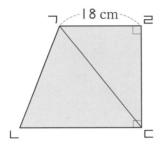

① 삼각형 ㄱㄴㄷ의 넓이가 297 cm²일 때, 삼각형 ㄱㄷㄹ의 넓이는 몇 cm²일까요?

_____

② 삼각형 ㄱㄷㄹ에서 변 ㄷㄹ의 길이는 몇 cm일까요?

_____

③ 삼각형 ㄱㄴㄷ에서 변 ㄴㄷ의 길이는 몇 cm일까요?

_____

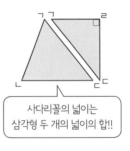

사다리꼴의 넓이는
삼각형 두 개의 넓이의 합!!

삼각형의 넓이를 이용해요.
(넓이)=(밑변의 길이)×(높이)÷2

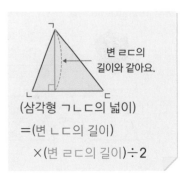

변 ㄹㄷ의
길이와 같아요.

(삼각형 ㄱㄴㄷ의 넓이)
=(변 ㄴㄷ의 길이)
×(변 ㄹㄷ의 길이)÷2

# 삼각형으로 구하는 여러 가지 사각형의 넓이

사각형이 두 개의 삼각형으로 나눌 수 있는 것처럼
평행사변형, 마름모, 사다리꼴도 두 개의 삼각형으로 나눌 수 있어요.
그래서 평행사변형, 마름모, 사다리꼴의 넓이를 구하는 방법이 생각나지 않을 때,
도형을 나누어 삼각형을 만든 다음 삼각형의 넓이를 구하는 방법으로 구할 수 있어요!

평행사변형, 마름모, 사다리꼴
모두 2개의 삼각형으로
나눌 수 있어~.

삼각형 2개의 넓이의 합이
각각의 넓이와 같아. 어때?
공식을 까먹어도 구할 수 있겠지?

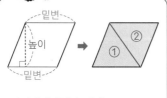

(평행사변형의 넓이)＝①＋②

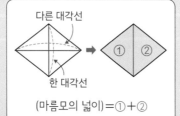

(마름모의 넓이)＝①＋②

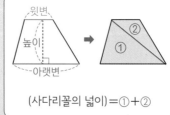

(사다리꼴의 넓이)＝①＋②

# 다섯째 마당

# 합동과 대칭

다섯째 마당에서는 합동과 대칭에 대해서 배워요. '합동'은 100원짜리 동전 두 개처럼 완전히 겹치는 두 도형을 얘기해요. 대칭에는 선대칭도형과 점대칭도형 두 가지가 있어요. 선대칭도형은 한 직선을 따라 접었을 때 완전히 겹치는 도형이고, 점대칭도형은 한 점을 중심으로 180° 돌렸을 때 완전히 겹치는 도형을 말해요. 합동과 대칭도 꼼꼼하게 학습해 봐요~!

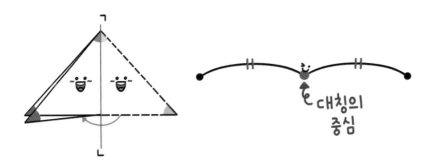

| | 공부할 내용! | 완료 | 10일 진도 | 20일 진도 |
|---|---|---|---|---|
| 16 | 완전히 겹치는 두 도형은 '합동' | ☐ | | 15일차 |
| 17 | 한 직선을 따라 접었을 때 완전히 겹치면 '선대칭도형' | ☐ | 7일차 | 16일차 |
| 18 | 한 점을 중심으로 돌렸을 때 완전히 겹치면 '점대칭도형' | ☐ | 8일차 | 17일차 |

# 16 완전히 겹치는 두 도형은 '합동'

## ☆ 도형의 합동

모양과 크기가 같아서 포개었을 때 완전히 겹치는 두 도형을 서로 합동이라고 합니다.

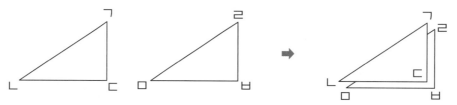

➡ 삼각형 ㄱㄴㄷ과 삼각형 ㄹㅁㅂ은 서로 합동입니다.

바빠의 꿀팁!

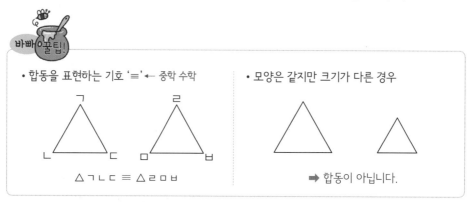

• 합동을 표현하는 기호 '≡' ← 중학 수학

△ㄱㄴㄷ ≡ △ㄹㅁㅂ

• 모양은 같지만 크기가 다른 경우

➡ 합동이 아닙니다.

## ☆ 대응점, 대응변, 대응각

| 대응점 | 대응변 | 대응각 |
|---|---|---|
| 겹치는 점 | 겹치는 변 | 겹치는 각 |
| | | |
| 점 ㄱ과 점 ㄹ<br>점 ㄴ과 점 ㅂ<br>점 ㄷ과 점 ㅁ | 변 ㄱㄴ과 변 ㄹㅂ<br>변 ㄴㄷ과 변 ㅂㅁ<br>변 ㄱㄷ과 변 ㄹㅁ | 각 ㄱㄴㄷ과 각 ㄹㅂㅁ<br>각 ㄱㄷㄴ과 각 ㄹㅁㅂ<br>각 ㄴㄱㄷ과 각 ㅂㄹㅁ |

성질 • 서로 합동인 도형에서 각각의 대응변의 길이는 서로 같습니다.
• 서로 합동인 도형에서 각각의 대응각의 크기는 서로 같습니다.

서로 합동인 도형은 각각의 대응변의 길이가 서로 같아요.

🐾 서로 합동인 두 삼각형의 둘레를 보고 ▢ 안에 알맞은 수를 써넣으세요.

**1** 둘레: 30 cm

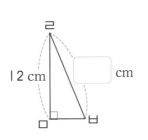

12 cm

▢ cm

삼각형 ㄱㄴㄷ과 삼각형 ㄹㅁㅂ은 서로 합동이에요!

5 cm

**2** 둘레: 39 cm

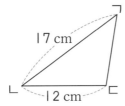

17 cm

12 cm

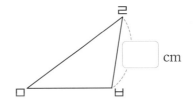

▢ cm

**3** 둘레: 34 cm

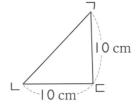

10 cm

10 cm

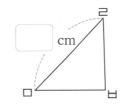

▢ cm

**4** 둘레: 40 cm

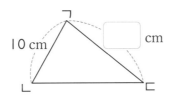

10 cm

▢ cm

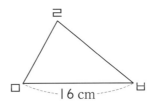

16 cm

**5** 둘레: 42 cm

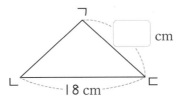

▢ cm

18 cm

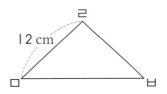

12 cm

 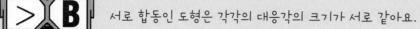
🐾 서로 합동인 두 삼각형에서 ☐ 안에 알맞은 수를 써넣으세요.

삼각형의 세 각의 크기의 합은 180°예요.

**①**

↳ 삼각형 ㄱㄴㄷ과 삼각형 ㄹㅁㅂ은 ←
서로 합동이에요!

**②**

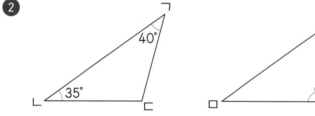

**③**

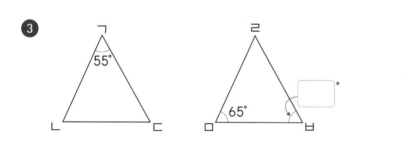

**④**

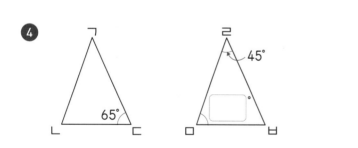

**⑤**

대응각을 잘 찾아 확인해요.

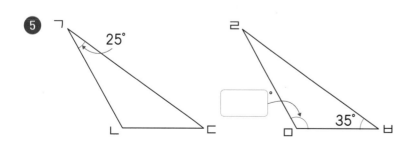

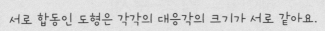
서로 합동인 도형은 각각의 대응각의 크기가 서로 같아요.

🐾 서로 합동인 두 사각형에서 ☐ 안에 알맞은 수를 써넣으세요.

**1**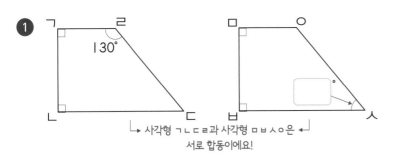

사각형 ㄱㄴㄷㄹ과 사각형 ㅁㅂㅅㅇ은
서로 합동이에요!

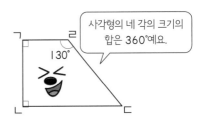
사각형의 네 각의 크기의
합은 360°예요.

**2**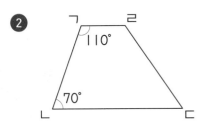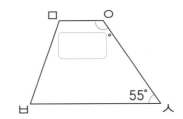

**3**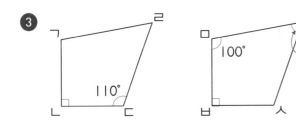

**4**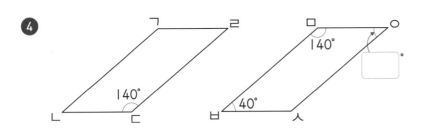

**5**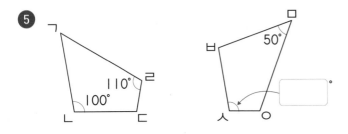

방향이 바뀌어도 대응각을
찾아 비교하면 돼요.

🐾 삼각형 ㄱㄴㄷ과 삼각형 ㅁㄹㄷ은 서로 합동입니다. 문제를 풀어 보세요. [❶~❹]

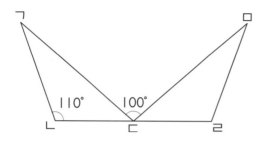

❶ 각 ㄱㄷㄴ과 크기가 같은 각을 찾아보세요.

❷ 각 ㅁㄷㄹ은 몇 도일까요?

❸ 각 ㄷㄹㅁ은 몇 도일까요?

❹ 각 ㄹㅁㄷ은 몇 도일까요?

합동인 도형에서
대응각의 크기는
서로 같아요!

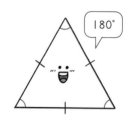

# 한 직선을 따라 접었을 때 완전히 겹치면 '선대칭도형'

## ☆ 선대칭도형

한 직선을 따라 접었을 때 완전히 겹치는 도형을 선대칭도형이라고 합니다.
이때 겹치도록 접은 직선을 대칭축이라고 합니다.

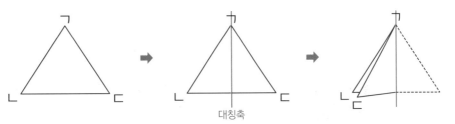

➡ 삼각형 ㄱㄴㄷ은 선대칭도형입니다.

바빠 꿀팁!

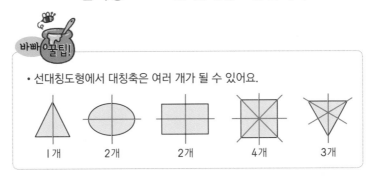

• 선대칭도형에서 대칭축은 여러 개가 될 수 있어요.

| | | | | |
|---|---|---|---|---|
| 1개 | 2개 | 2개 | 4개 | 3개 |

## ☆ 대응점, 대응변, 대응각

대칭축을 따라 접었을 때
• 대응점: 겹치는 점
• 대응변: 겹치는 변
• 대응각: 겹치는 각

## ☆ 선대칭도형의 성질

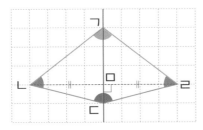

• 각각의 대응변의 길이와 대응각의 크기는 서로 같습니다.

• 대응점끼리 이은 선분은 대칭축과 수직으로 만납니다.

• 대칭축은 대응점끼리 이은 선분을 이등분하므로 각각
의 대응점에서 대칭축까지의 거리가 서로 같습니다.

선대칭도형에서 각각의 대응각의 크기는 서로 같아요.

🐾 직선 ㄱㄴ을 대칭축으로 하는 선대칭도형에서 ☐ 안에 알맞은 수를 써넣으세요.

❶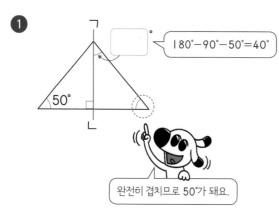

180°−90°−50°=40°

50°

완전히 겹치므로 50°가 돼요.

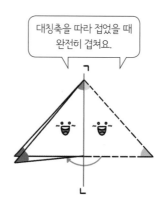
대칭축을 따라 접었을 때 완전히 겹쳐요.

❷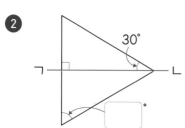
30°

❸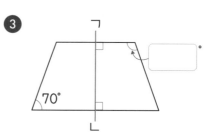
70°

❹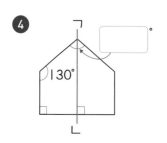
130°

❺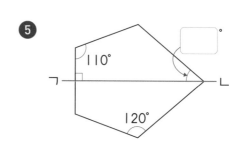
110°
120°

❻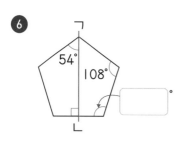
54°
108°

❼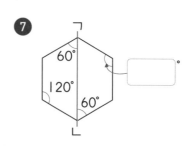
60°
120°
60°

🐾 직선 ㄱㄴ을 대칭축으로 하는 선대칭도형입니다. ☐ 안에 알맞은 수를 써넣고 선대칭도형의 둘레를 구하세요.

**1**

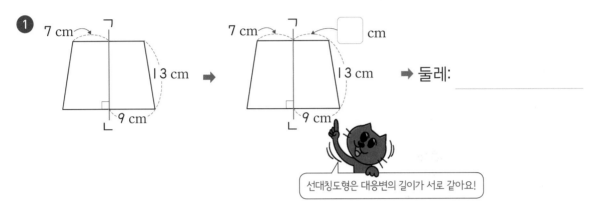

➡ 둘레: _____

선대칭도형은 대응변의 길이가 서로 같아요!

**2**

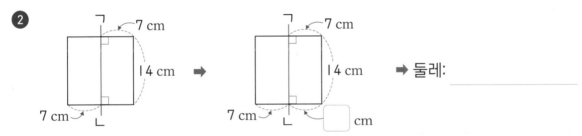

➡ 둘레: _____

**3**

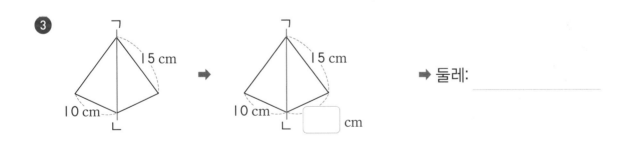

➡ 둘레: _____

**4**

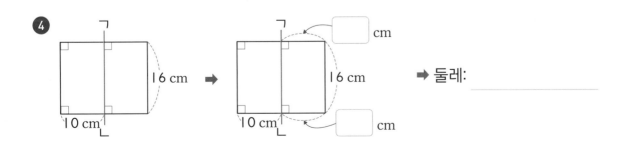

➡ 둘레: _____

완성한 선대칭도형의 넓이는 선대칭도형의 일부의 넓이의 2배예요.

🐾 직선 ㄱㄴ을 대칭축으로 하는 선대칭도형의 일부입니다. 선대칭도형을 완성하고 완성한 선대칭도형의 넓이를 구하세요.

**1**

대칭축을 기준으로
양쪽의 넓이는 각각 절반이에요!

➡ 넓이: _____ cm²

대칭축을 기준으로
선대칭도형이 되도록 그려 봐요.

**2**

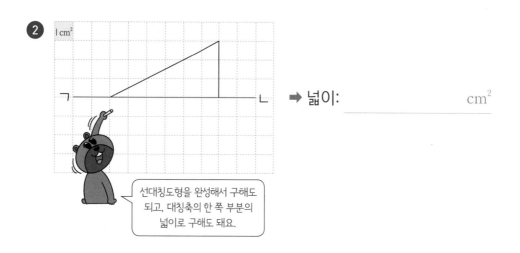

➡ 넓이: _____ cm²

선대칭도형을 완성해서 구해도
되고, 대칭축의 한 쪽 부분의
넓이로 구해도 돼요.

**3**

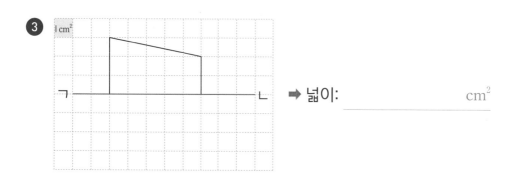

➡ 넓이: _____ cm²

🐾 선분 ㄱㄹ을 대칭축으로 하는 선대칭도형입니다. 문제
를 풀어 보세요. [❶~❹]

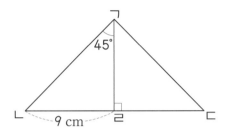

❶ 각 ㄱㄴㄹ은 몇 도일까요?

_____

❷ 삼각형 ㄱㄴㄹ이 될 수 있는 삼각형의 이름을 모두 쓰세요.

_____

한 각이 직각인 이등변삼각형은
직각이등변삼각형이라고 해요.

❸ 선분 ㄱㄹ의 길이는 몇 cm일까요?

_____

이등변삼각형은 두 변의 길이가 같아요!

❹ 삼각형 ㄱㄴㄷ의 넓이는 몇 cm²일까요?

_____

(삼각형의 넓이)
＝(밑변의 길이)×(높이)÷2

## ☆ 점대칭도형

한 점을 중심으로 180° 돌렸을 때 처음 도형과 완전히 겹치는 도형을 점대칭도형이라고 합니다. 이때 그 점을 대칭의 중심이라고 합니다.

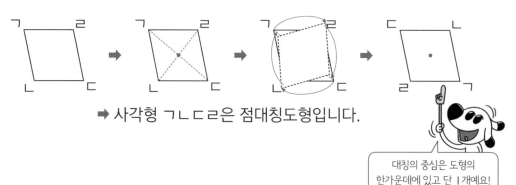

➡ 사각형 ㄱㄴㄷㄹ은 점대칭도형입니다.

대칭의 중심은 도형의 한가운데에 있고 단 1개예요!

## ☆ 대응점, 대응변, 대응각

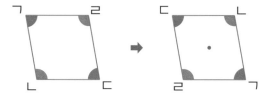

대칭의 중심을 중심으로 180° 돌렸을 때
- 대응점: 겹치는 점
- 대응변: 겹치는 변
- 대응각: 겹치는 각

## ☆ 점대칭도형의 성질

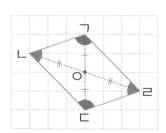

- 각각의 대응변의 길이와 대응각의 크기는 서로 같습니다.
- 대칭의 중심은 대응점끼리 이은 선분을 이등분하므로 각각의 대응점에서 대칭의 중심까지의 거리는 같습니다.

점대칭도형에서 대응점끼리 이은 선분은 대칭의 중심을 지나요!

🐾 점 ㅇ을 대칭의 중심으로 하는 점대칭도형입니다. ⬜ 안에 알맞은 수를 써넣으세요.

**1**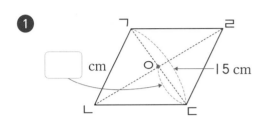

❘5 cm

cm

나를 기준으로
각각의 대응점까지의
거리는 같아요!

대칭의
중심

**2**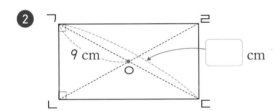

9 cm

cm

**3**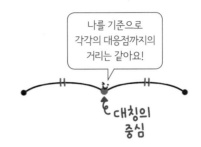

cm

8 cm

**4**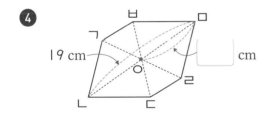

❘9 cm

cm

**5**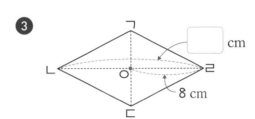

24 cm

cm

**6**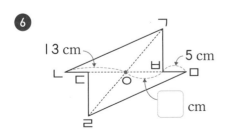

❘3 cm

5 cm

cm

**7**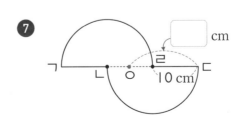

cm

❘0 cm

점대칭도형에서 각각의 대응각의 크기는 서로 같아요.
대칭의 중심을 기준으로 180° 돌렸을 때 만나는 대응각을 생각해요.

🐾 점 ㅇ을 대칭의 중심으로 하는 점대칭도형입니다. ☐ 안에 알맞은 수를 써넣으세요.

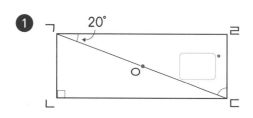

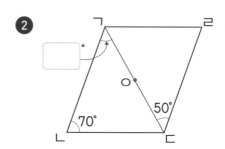

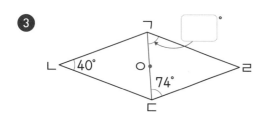

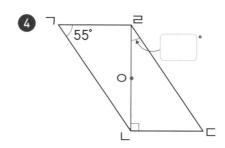

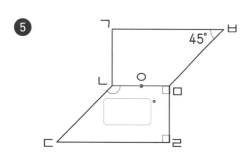

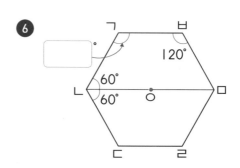

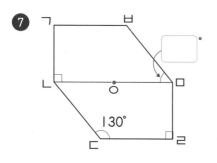

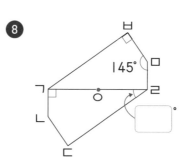

점 ○을 대칭의 중심으로 하는 점대칭도형의 둘레를 구하세요.

**1**

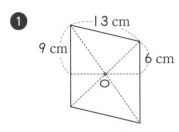

13 cm
9 cm
6 cm

➡ $(9 + 13 + \boxed{6}) \times 2 = \boxed{\phantom{00}}$ (cm)

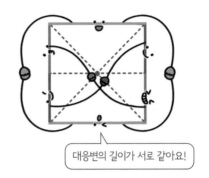

대응변의 길이가 서로 같아요!

**2**

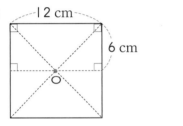

12 cm
6 cm

➡ $(\boxed{\phantom{0}} + 12 + \boxed{\phantom{0}}) \times 2 = \boxed{\phantom{00}}$ (cm)

**3**

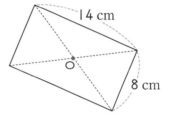

14 cm
8 cm

➡ $(14 + \boxed{\phantom{0}}) \times \boxed{\phantom{0}} = \boxed{\phantom{00}}$ (cm)

**4**

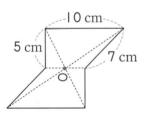

10 cm
5 cm
7 cm

_____ cm

**5**

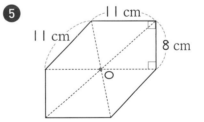

11 cm
11 cm
8 cm

_____ cm

**6**

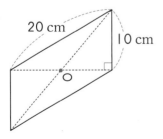

20 cm
10 cm

_____ cm

**7**

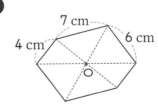

7 cm
4 cm
6 cm

_____ cm

🐾 점 ㅇ을 대칭의 중심으로 하는 점대칭도형입니다. 문제를 풀어 보세요. [①~③]

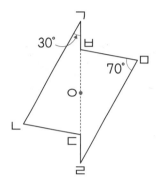

점대칭도형은 대응점을 먼저 찾으면 대응변, 대응각을 찾기 쉬워요!

① 각 ㄱㄴㄷ은 몇 도일까요?

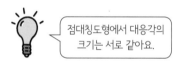

점대칭도형에서 대응각의 크기는 서로 같아요.

_____

② 각 ㄱㄷㄴ은 몇 도일까요?

_____

③ 각 ㄴㄷㄹ은 몇 도일까요?

_____

# 여섯째 마당

# 원

여섯째 마당에서는 원의 둘레인 원주와 원의 넓이를 배워요. 원주는 원을 한 바퀴 굴렸을 때 지나간 거리와 같아요. 3, 3.1, 3.14 등 주어진 원주율로 원의 둘레와 원의 넓이를 구하는 훈련을 끝내고 나면 앞에서 배운 삼각형, 사각형의 넓이 구하는 방법을 기억해 다양한 도형의 넓이도 구할 수 있어요.

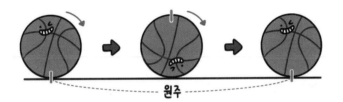

원주

| 공부할 내용! | | 완료 | 10일 진도 | 20일 진도 |
|---|---|---|---|---|
| 19 | 원이 한 바퀴 굴러간 거리 '원주' | ☐ | | 18일차 |
| 20 | 원을 직사각형으로 만들어 넓이를 구할 수 있어 | ☐ | 9일차 | 19일차 |
| 21 | 다양한 도형의 넓이도 구할 수 있어 | ☐ | 10일차 | 20일차 |

# 19 원이 한 바퀴 굴러간 거리 '원주'

☆ **원주**: 원의 둘레

원주
원의 지름
원주
원의 반지름
원의 중심

➡ 원의 지름이 길어지면 원주(원의 둘레)도 길어집니다.

원주는 원을 한 바퀴 굴렸을 때 굴러간 거리와 같아요!

원주

☆ **원주율**: 원의 지름에 대한 원주의 비율

(원주율)＝(원주)÷(지름)  ➡  (원주)＝(지름)×(원주율)

- 원주율을 소수로 나타내면 3.141592653……과 같이 끝없이 이어집니다.
- 원주율은 필요에 따라 3, 3.1, 3.14 등으로 줄여서 사용합니다.

바빠 꿀팁!

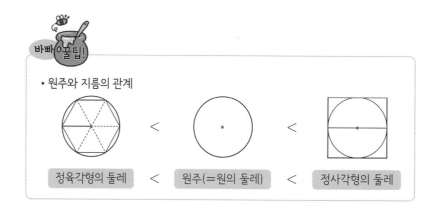

- 원주와 지름의 관계

| 정육각형의 둘레 | < | 원주(＝원의 둘레) | < | 정사각형의 둘레 |

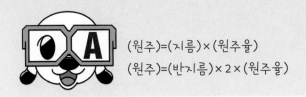

(원주)=(지름)×(원주율)

(원주)=(반지름)×2×(원주율)

🐾 주어진 원의 원주를 구하세요.

**①**

12 cm

(원주)=(지름)×(원주율)

➡ ☐12☐ × ☐3☐ = ☐ (cm)

   ↑지름   ↑원주율

**②**

10 cm

(원주율: 3.1)

➡ ☐ × ☐ = ☐ (cm)

   지름   원주율

**③**

16 cm

(원주율: 3)

➡ ☐ × ☐ = ☐ (cm)

**④**

15 cm

(원주율: 3.1)

➡ ☐ × ☐ = ☐ (cm)

**⑤**

5 cm

(원주)=(반지름)×2×(원주율)

(원주율: 3)

**⑥**

7 cm

(원주율: 3.1)

**⑦**

8 cm

(원주율: 3.1)

**⑧**

9 cm

(원주율: 3.1)

원주를 보고 ☐ 안에 알맞은 수를 써넣으세요. (원주율: 3)

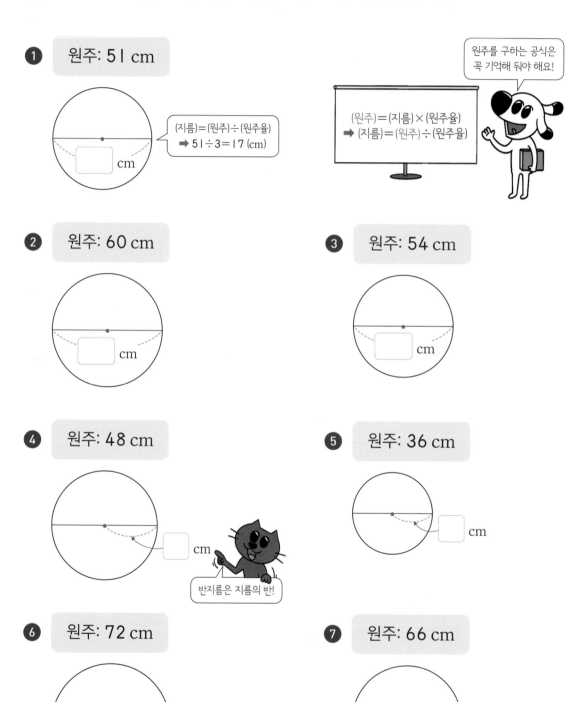

**1** 원주: 51 cm

(지름)=(원주)÷(원주율)
➡ 51÷3=17 (cm)

☐ cm

원주를 구하는 공식은 꼭 기억해 둬야 해요!

(원주)=(지름)×(원주율)
➡ (지름)=(원주)÷(원주율)

**2** 원주: 60 cm

☐ cm

**3** 원주: 54 cm

☐ cm

**4** 원주: 48 cm

☐ cm

반지름은 지름의 반!

**5** 원주: 36 cm

☐ cm

**6** 원주: 72 cm

☐ cm

**7** 원주: 66 cm

☐ cm

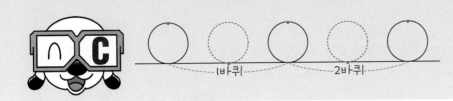

🐾 ☐ 안에 알맞은 수를 써넣어 원이 몇 바퀴 굴렀는지 구하세요. (원주율: 3)

**1**
- 원의 지름: 15 cm
- 원주: ☐ cm
- 굴러간 거리: 360 cm
➡ ☐ 바퀴 굴렀습니다.

> 한 바퀴 굴러간 거리가
> (15×3) cm인 원이 360 cm
> 굴러갔다면~.

**2**
- 원의 지름: 10 cm
- 원주: ☐ cm
- 굴러간 거리: 120 cm
➡ ☐ 바퀴 굴렀습니다.

**3**
- 원의 지름: 8 cm
- 원주: ☐ cm
- 굴러간 거리: 216 cm
➡ ☐ 바퀴 굴렀습니다.

**4**
- 원의 지름: 11 cm
- 원주: ☐ cm
- 굴러간 거리: 165 cm
➡ ☐ 바퀴 굴렀습니다.

**5**
- 원의 반지름: 16 cm
- 원주: ☐ cm
- 굴러간 거리: 480 cm
➡ ☐ 바퀴 굴렀습니다.

> 반지름이 16 cm인 원의 원주는
> 먼저 반지름을 2배 한 다음 구해요.

**6**
- 원의 반지름: 24 cm
- 원주: ☐ cm
- 굴러간 거리: 576 cm
➡ ☐ 바퀴 굴렀습니다.

원의 중심을 지나게 자른 도형의 직선 부분은 지름이 돼요.
둥근 부분은 원주의 얼마만큼인지 확인해 구해 봐요.

🐾 원의 중심을 지나게 자른 도형의 둘레를 구하세요. (원주율: 3)

❶

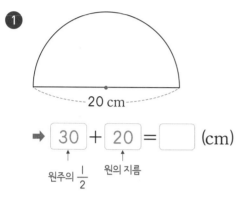

20 cm

➡ ⌞30⌟ + ⌞20⌟ = ⌞ ⌟ (cm)

 ↑    ↑
원주의 $\frac{1}{2}$   원의 지름

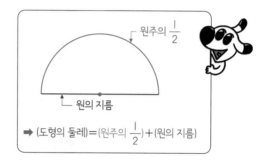

원주의 $\frac{1}{2}$

원의 지름

➡ (도형의 둘레)=(원주의 $\frac{1}{2}$)+(원의 지름)

❷

12 cm

➡ ⌞ ⌟ + ⌞ ⌟ = ⌞ ⌟ (cm)

❸ ⌐16 cm⌐

➡ ⌞ ⌟ + ⌞ ⌟ = ⌞ ⌟ (cm)

❹

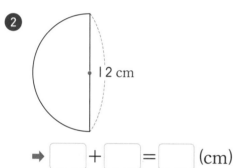

원주의 $\frac{1}{4}$만큼과
반지름 2개!

8 cm

➡ ⌞ ⌟ + ⌞ ⌟ = ⌞ ⌟ (cm)

 ↑     ↑
원주의 $\frac{1}{4}$   원의 반지름
      2개

❺

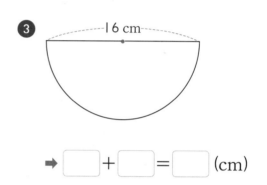

10 cm

➡ ⌞ ⌟ + ⌞ ⌟ = ⌞ ⌟ (cm)

 ↑     ↑
원주의 $\frac{1}{4}$   원의 반지름
      2개

❻

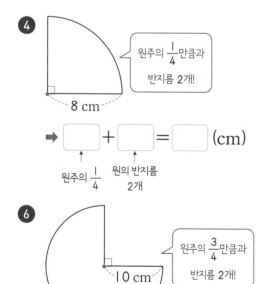

원주의 $\frac{3}{4}$만큼과
반지름 2개!

10 cm

➡ ⌞ ⌟ + ⌞ ⌟ = ⌞ ⌟ (cm)

 ↑     ↑
원주의 $\frac{3}{4}$   원의 반지름
      2개

❼

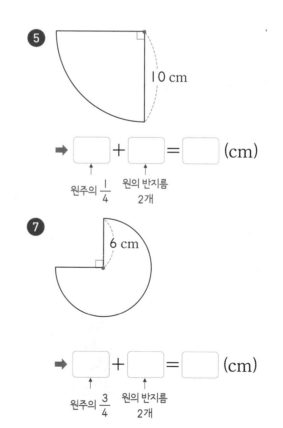

6 cm

➡ ⌞ ⌟ + ⌞ ⌟ = ⌞ ⌟ (cm)

 ↑     ↑
원주의 $\frac{3}{4}$   원의 반지름
      2개

🐾 다음 문장을 읽고 문제를 풀어 보세요.

❶ 지름이 30 cm인 원의 둘레는 몇 cm일까요? (원주율: 3.14)

❷ 반지름이 30 cm인 원의 원주는 몇 cm일까요? (원주율: 3.1)

원주는 원의 둘레를 말해요~!

❸ 원주가 310 cm인 원의 반지름은 몇 cm일까요? (원주율: 3.1)

❹ 지름이 14 cm인 원을 원의 중심을 지나도록 반으로 자른 도형
의 둘레는 몇 cm일까요? (원주율: 3)

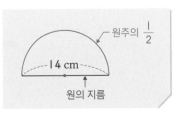
원주의 $\frac{1}{2}$
14 cm
원의 지름

# 20 원을 직사각형으로 만들어 넓이를 구할 수 있어

## ☆ 원의 넓이 어림하기

방법 1 다각형을 이용하여 원의 넓이 어림하기

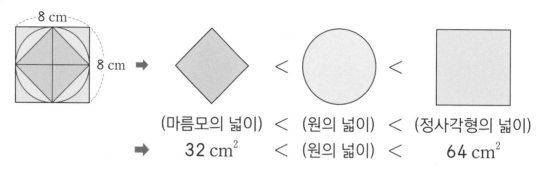

(마름모의 넓이) < (원의 넓이) < (정사각형의 넓이)

➡ 32 cm² < (원의 넓이) < 64 cm²

방법 2 모눈종이를 이용하여 원의 넓이 어림하기

(빨간색 모눈의 수) < (원의 넓이) < (초록색 선 안쪽 모눈의 수)

32칸 < (원의 넓이) < 60칸

➡ 32 cm² < (원의 넓이) < 60 cm²

## ☆ 원의 넓이 구하기

원의 넓이는 원을 한없이 잘게 잘라 이어 붙여 만든 직사각형의 넓이와 같습니다.

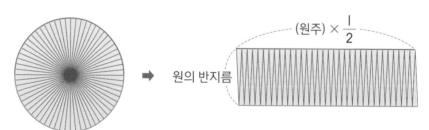

$$\text{(원의 넓이)} = \text{(원주)} \times \frac{1}{2} \times \text{(반지름)}$$

$$= \text{(원주율)} \times \text{(지름)} \times \frac{1}{2} \times \text{(반지름)}$$

➡ (원의 넓이) = (원주율) × (반지름) × (반지름)

 원의 넓이는 원을 한없이 잘게 잘라 이어 붙여 만든
직사각형의 넓이와 같아요.

🐾 원을 한없이 잘라 이어 붙여서 직사각형을 만들었습니다. ☐ 안에 알맞은 수를 써넣
으세요. (원주율: 3)

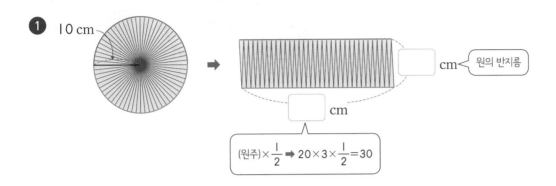

**1** 10 cm

☐ cm ← 원의 반지름

☐ cm

$(원주) \times \dfrac{1}{2}$ ➡ $20 \times 3 \times \dfrac{1}{2} = 30$

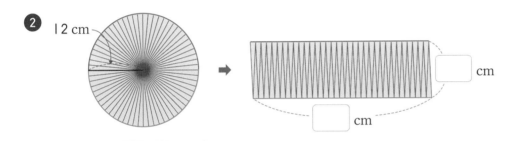

**2** 12 cm

☐ cm

☐ cm

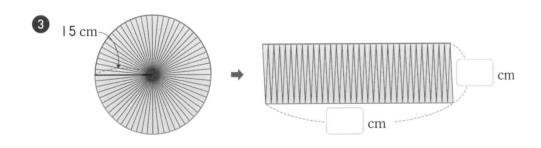

**3** 15 cm

☐ cm

☐ cm

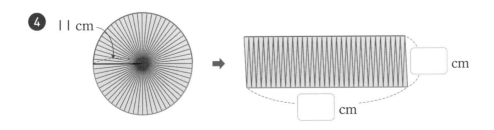

**4** 11 cm

☐ cm

☐ cm

 (원의 넓이)=(원주율)×(반지름)×(반지름)
원의 넓이를 구하는 공식도 꼭 기억해 둬야 해요.

🐾 원의 넓이를 구하세요. (원주율: 3.1)

**1**

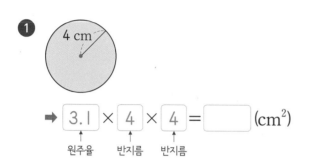

4 cm

➡ $\boxed{3.1}$ × $\boxed{4}$ × $\boxed{4}$ = $\boxed{\phantom{00}}$ (cm$^2$)

　　원주율　　반지름　　반지름

**2**

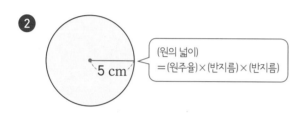

5 cm

(원의 넓이)
=(원주율)×(반지름)×(반지름)

cm$^2$

**3**

6 cm

cm$^2$

**4**

10 cm

단위를
꼭 써요!

cm$^2$

**5**

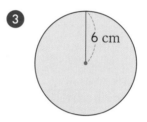

22 cm

cm$^2$

**6**

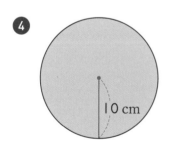

18 cm

**7**

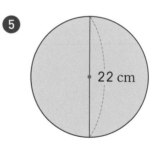

16 cm

원의 넓이를 원주율로 나누면 반지름과 반지름의 곱이 나와요.
같은 수를 곱해서 나온 수를 기억해 두면 쉽겠죠?

🐾 원의 넓이를 보고 ☐ 안에 알맞은 수를 써넣으세요. (원주율: 3)

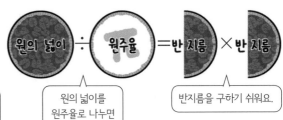

원의 넓이 ÷ 원주율 = 반지름 × 반지름

원의 넓이를
원주율로 나누면

반지름을 구하기 쉬워요.

❶ 넓이: 48 cm²

☐ cm

48÷3=16
➡ ☐×☐=16, ☐=4

❷ 넓이: 192 cm²

☐ cm

❸ 넓이: 300 cm²

☐ cm

❹ 넓이: 108 cm²

반지름을 먼저 구해요.

☐ cm

❺ 넓이: 75 cm²

☐ cm

❻ 넓이: 243 cm²

☐ cm

❼ 넓이: 147 cm²

☐ cm

🐾 원 가의 넓이가 원 나의 넓이의 4배일 때 원 가의 반지름의 길이를 구하려고 합니다. 문제를 풀어 보세요.

(원주율: 3) [❶~❸]

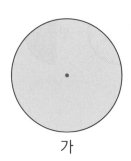
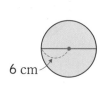

6 cm

가　　　　　　　　나

❶ 원 나의 넓이는 몇 cm²일까요?

_____ cm²

단위를 꼭 써요!

(원의 넓이)
＝(원주율)×(반지름)×(반지름)

❷ 원 가의 넓이는 몇 cm²일까요?

_____

넓이가 4배일 때,
반지름은 2배예요!

❸ 원 가의 반지름은 몇 cm일까요?

_____

넓이의 단위가 cm²일 때,
반지름의 단위는 cm예요.

# 21 다양한 도형의 넓이도 구할 수 있어

## ☆ 색칠한 부분의 넓이 구하는 방법

방법 1  색칠한 부분을 포함한 가장 큰 도형의 넓이에서 색칠하지 않은 도형의 넓이 빼기

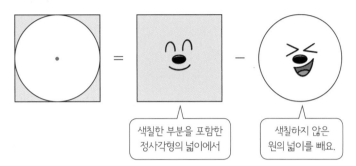

색칠한 부분을 포함한
정사각형의 넓이에서

색칠하지 않은
원의 넓이를 빼요.

방법 2  도형을 이동하여 구하기

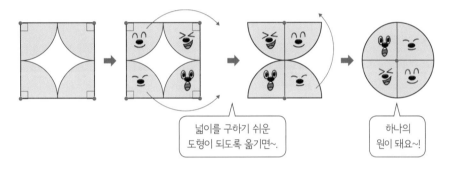

넓이를 구하기 쉬운
도형이 되도록 옮기면~.

하나의
원이 돼요~!

방법 3  부분으로 나누어 구하기

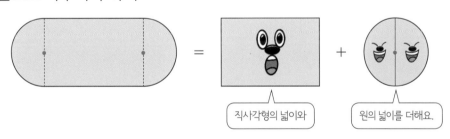

직사각형의 넓이와

원의 넓이를 더해요.

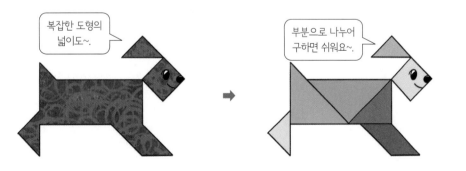

복잡한 도형의
넓이도~.

부분으로 나누어
구하면 쉬워요~.

다각형과 원의 넓이를 구하는 공식을 떠올려 계산해 봐요.
색칠한 부분을 포함한 가장 큰 도형의 넓이에서
색칠하지 않은 도형의 넓이를 빼면 구할 수 있어요.

🐾 색칠한 부분의 넓이를 구하세요. (원주율: 3)

❶

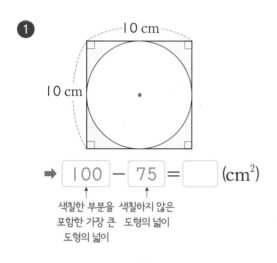

10 cm

10 cm

➡ $\boxed{100}$ − $\boxed{75}$ = $\boxed{\phantom{00}}$ (cm²)

색칠한 부분을    색칠하지 않은
포함한 가장 큰    도형의 넓이
도형의 넓이

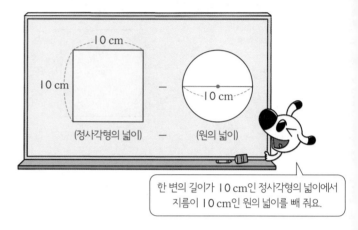

10 cm

10 cm

10 cm

(정사각형의 넓이) − (원의 넓이)

한 변의 길이가 10 cm인 정사각형의 넓이에서
지름이 10 cm인 원의 넓이를 빼 줘요.

❷

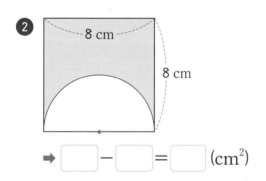

8 cm

8 cm

➡ $\boxed{\phantom{00}}$ − $\boxed{\phantom{00}}$ = $\boxed{\phantom{00}}$ (cm²)

❸

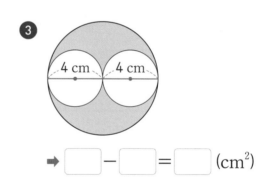

4 cm    4 cm

➡ $\boxed{\phantom{00}}$ − $\boxed{\phantom{00}}$ = $\boxed{\phantom{00}}$ (cm²)

❹

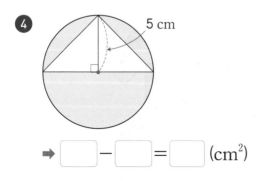

5 cm

➡ $\boxed{\phantom{00}}$ − $\boxed{\phantom{00}}$ = $\boxed{\phantom{00}}$ (cm²)

❺

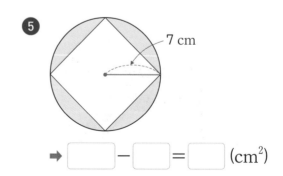

7 cm

➡ $\boxed{\phantom{00}}$ − $\boxed{\phantom{00}}$ = $\boxed{\phantom{00}}$ (cm²)

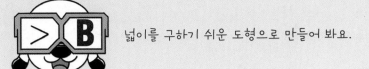

🐾 색칠한 부분의 넓이를 구하세요. (원주율: 3)

①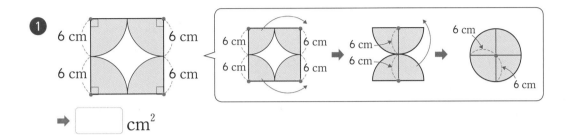

➡ ⬜ cm²

② 

20 cm

10 cm

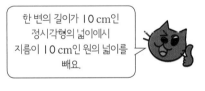
직사각형의
넓이를 구하면 돼요~!

➡ ⬜ cm²

③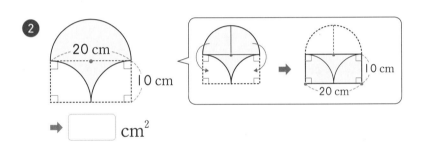

10 cm

10 cm

한 변의 길이가 10 cm인
정사각형의 넓이에서
지름이 10 cm인 원의 넓이를
빼요.

➡ | 100 | − | 75 | = | ⬜ | (cm²)

색칠한 부분을    색칠하지 않은
포함한 가장 큰    도형의 넓이
도형의 넓이

④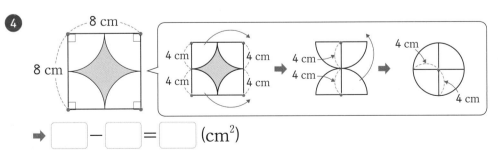

8 cm

8 cm

➡ | ⬜ | − | ⬜ | = | ⬜ | (cm²)

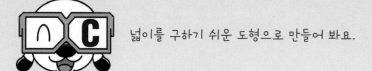
넓이를 구하기 쉬운 도형으로 만들어 봐요.

🐾 색칠한 부분의 넓이를 구하세요. (원주율: 3)

**1**

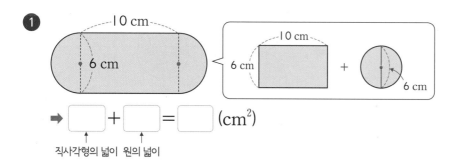

➡ ☐ + ☐ = ☐ (cm²)

     ↑     ↑
직사각형의 넓이  원의 넓이

**2**

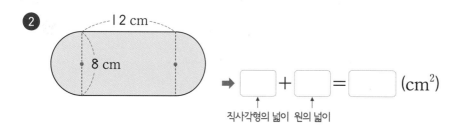

➡ ☐ + ☐ = ☐ (cm²)

     ↑     ↑
직사각형의 넓이  원의 넓이

**3**

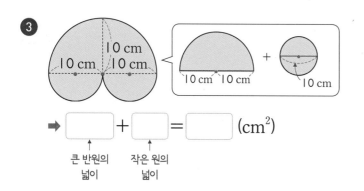

➡ ☐ + ☐ = ☐ (cm²)

  ↑     ↑
큰 반원의  작은 원의
 넓이      넓이

**4**

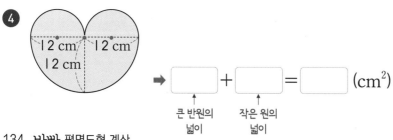

➡ ☐ + ☐ = ☐ (cm²)

  ↑     ↑
큰 반원의  작은 원의
 넓이      넓이

🐾 색칠한 부분의 넓이를 구하려고 합니다. 문제를 풀어 보세요. (원주율: 3) [①~④]

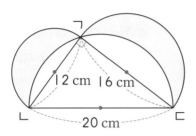

① 삼각형 ㄱㄴㄷ의 넓이는 몇 cm²일까요?

삼각형의 밑변과 높이를 정해 봐요.

② 변 ㄱㄴ을 지름으로 하는 반원과 변 ㄱㄷ을 지름으로 하는 반원의 넓이는 몇 cm²인지 각각 구하세요.

(원의 넓이)
=(원주율)×(반지름)×(반지름)

③ 변 ㄴㄷ을 지름으로 하는 반원의 넓이는 몇 cm²일까요?

④ 색칠한 부분의 넓이는 몇 cm²일까요?

# 읽는 재미를 높인 초등 문해력 향상 프로그램
# 바빠 독해 (전 6권)

**1-2 단계** — 1~2 학년

**3-4 단계** — 3~4 학년

**5-6 단계** — 5~6 학년

비문학 지문도 재미있게 읽을 수 있어요!
## 바빠 독해 1~6단계

각 권 9,800원

- **초등학생이 직접 고른 재미있는 이야기들!**
  - 연구소의 어린이가 읽고 싶어 한 흥미로운 이야기만 골라 담았어요.
  - 1단계 | 이솝우화, 과학 상식, 전래동화, 사회 상식
  - 2단계 | 이솝우화, 과학 상식, 전래동화, 사회 상식
  - 3단계 | 탈무드, 교과 과학, 생활문, 교과 사회
  - 4단계 | 속담 동화, 교과 과학, 생활문, 교과 사회
  - 5단계 | 고사성어, 교과 과학, 생활문, 교과 사회
  - 6단계 | 고사성어, 교과 과학, 생활문, 교과 사회

- **읽다 보면 나도 모르게 교과 지식이 쑥쑥!**
  - 다채로운 주제를 읽다 보면 초등 교과 지식이 쌓이도록 설계!
  - 초등 교과서(국어, 사회, 과학)와 100% 밀착 연계돼 학교 공부에 도 직접 도움이 돼요.

- **분당 영재사랑 연구소 지도 비법 대공개!**
  - 종합력, 이해력, 추론 능력, 분석력, 사고력, 문법까지 한 번에 OK!
  - 초등학생 눈높이에 맞춘 수능형 문항을 담았어요!

- **초등학교 방과 후 교재로 인기!**
  - 아이들의 눈을 번쩍 뜨게 할 만한 호기심 넘치는 재미있고 유익한 교재!
  - (남상 초등학교 방과 후 교사, 동화작가 강민숙 선생님 추천)

## 16년간 어린이들을 밀착 지도한 호사라 박사의 독해력 처방전!

영재 교육 선생님들의 선생님!
**호사라 박사**

"초등학생 취향 저격! 집에서도 모든 어린이가 쉽게 문해력을 키울 수 있는 즐거운 활동을 선별했어요!"

★ 서울대학교 교육학 학사 및 석사
★ 버지니아 대학교(University of Virginia) 영재 교육학 박사

분당에 영재사랑 교육연구소를 설립하여 유년기(6세~13세) 영재들을 위한 논술, 수리, 탐구 프로그램을 16년째 직접 개발하며 수업을 진행하고 있어요.

초등 수학 공부, 이렇게 하면 효과적!

# "펑펑 내려야 눈이 쌓이듯 공부도 집중해야 실력이 쌓인다!"

## 학교 다닐 때는? | 학기별 연산책 '바빠 교과서 연산'

'바빠 교과서 연산'부터 시작하세요. 학기별 진도에 딱 맞춘 쉬운 연산 책이니까요! 방학 동안 다음 학기 선행을 준비할 때도 '바빠 교과서 연산'으로 시작하세요! 교과서 순서대로 빠르게 공부할 수 있어, 첫 번째 수학 책으로 추천합니다.

## 시험이나 서술형 대비는? | '나 혼자 푼다 수학 문장제'

학교 시험을 대비하고 싶다면 '나 혼자 푼다 수학 문장제'로 공부하세요. 너무 어렵지도 쉽지도 않은 딱 적당한 난이도로, 빈칸을 채우면 풀이 과정이 완성됩니다! 막막하지 않아요. 요즘 학교 시험 풀이 과정을 손쉽게 연습할 수 있습니다.

## 방학 때는? | 10일 완성 영역별 연산책 '바빠 연산법'

내가 부족한 영역만 골라 보충할 수 있어요! 예를 들어 5학년인데 나눗셈이 어렵다면 나눗셈만, 분수가 어렵다면 분수만 골라 훈련하세요. 방학 때나 학습 결손이 생겼을 때, 취약한 연산 구멍을 빠르게 메꿀 수 있어요!

바빠 연산 영역 :
덧셈, 뺄셈, 구구단, 시계와 시간, 길이와 시간 계산, 곱셈, 나눗셈, 약수와 배수, 분수, 소수, 자연수의 혼합 계산, 분수와 소수의 혼합 계산, 평면도형 계산, 입체도형 계산, 비와 비례, 방정식, 확률과 통계

# 바빠 시리즈 초등 학년별 추천 도서

| 학년 | 학기별 연산책 바빠 교과서 연산<br>학기 중, 선행용으로 추천! | 나 혼자 푼다 바빠 수학 문장제<br>학교 시험 서술형 완벽 대비! |
|---|---|---|
| 1학년 | · 바빠 교과서 연산 1-1<br>· 바빠 교과서 연산 1-2 | · 나 혼자 푼다 바빠 수학 문장제 1-1<br>· 나 혼자 푼다 바빠 수학 문장제 1-2 |
| 2학년 | · 바빠 교과서 연산 2-1<br>· 바빠 교과서 연산 2-2 | · 나 혼자 푼다 바빠 수학 문장제 2-1<br>· 나 혼자 푼다 바빠 수학 문장제 2-2 |
| 3학년 | · 바빠 교과서 연산 3-1<br>· 바빠 교과서 연산 3-2 | · 나 혼자 푼다 바빠 수학 문장제 3-1<br>· 나 혼자 푼다 바빠 수학 문장제 3-2 |
| 4학년 | · 바빠 교과서 연산 4-1<br>· 바빠 교과서 연산 4-2 | · 나 혼자 푼다 바빠 수학 문장제 4-1<br>· 나 혼자 푼다 바빠 수학 문장제 4-2 |
| 5학년 | · 바빠 교과서 연산 5-1<br>· 바빠 교과서 연산 5-2 | · 나 혼자 푼다 바빠 수학 문장제 5-1<br>· 나 혼자 푼다 바빠 수학 문장제 5-2 |
| 6학년 | · 바빠 교과서 연산 6-1<br>· 바빠 교과서 연산 6-2 | · 나 혼자 푼다 바빠 수학 문장제 6-1<br>· 나 혼자 푼다 바빠 수학 문장제 6-2 |

'바빠 교과서 연산'과
'나 혼자 문장제'를
함께 풀면
한 학기 수학 완성!

10 일에 완성하는 도형 계산 총정리

바쁜 초등학생을 위한 빠른

평면도형 계산

징검다리 교육연구소 지음

# 정답 및 풀이

개념부터
활용까지!

한 권으로
총정리!

- 평면도형의 기초
- 둘레와 넓이
- 원주와 원의 넓이

5학년 필독서!
4~6학년 교과 반영

이지스에듀

맨날 노는데 수학 잘하는 너! 도대체 비결이 뭐야?

① 정답을 확인한 후 틀린 문제는 ☆표를 쳐 놓으세요~.

② 그런 다음 연습장에 틀린 문제를 옮겨 적으세요.

③ 그리고 그 문제들만 한 번 더 풀어 보세요.

시간은 얼마 걸리지 않아요. 그러나 이때 실력이 확 붙는 거예요.
아는 문제를 여러 번 다시 푸는 건 시간 낭비예요.
내가 틀린 문제만 모아서 풀면 아무리 바쁘더라도
수학 실력을 키울 수 있어요!

비결은 간단해!

## 01단계 Ⓐ
15쪽

① 6 / 24 ② 7 / 28
③ 5 / 26 ④ 4 / 26
⑤ 8 / 28 ⑥ 7 / 20

## 01단계 Ⓑ
16쪽

① 5 / 20 ② 4, 4 / 16
③ 6 / 24 ④ 7 / 28
⑤ 3, 6 / 18 ⑥ 4, 7 / 22
⑦ 5, 2 / 14 ⑧ 9, 3 / 24

## 01단계 Ⓒ
17쪽

① 8 ② 4
③ 4 ④ 7
⑤ 7 ⑥ 5

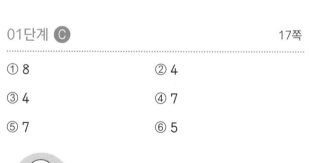 풀이

(직사각형의 둘레)=((가로)+(세로))×2

③ 26=(9+☐)×2, 9+☐=13, ☐=4
④ 20=(☐+3)×2, ☐+3=10, ☐=7
⑤ 18=(2+☐)×2, 2+☐=9, ☐=7
⑥ 22=(☐+6)×2, ☐+6=11, ☐=5

## 01단계 도전! 땅 짚고 헤엄치는 활용 문제
18쪽

① 28 cm ② 28 cm ③ 7 cm

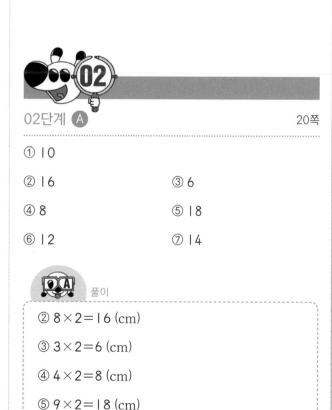 풀이

① (5+9)×2=14×2=28 (cm)

② 두 사각형의 둘레가 같고 직사각형의 둘레가 28 cm이므로 정사각형의 둘레도 28 cm입니다.

③ 네 변의 길이가 모두 같은 정사각형의 둘레가 28 cm이므로 정사각형의 한 변의 길이는 28÷4=7 (cm)입니다.

## 02단계 Ⓐ
20쪽

① 10
② 16 ③ 6
④ 8 ⑤ 18
⑥ 12 ⑦ 14

풀이

② 8×2=16 (cm)
③ 3×2=6 (cm)
④ 4×2=8 (cm)
⑤ 9×2=18 (cm)
⑥ 6×2=12 (cm)
⑦ 7×2=14 (cm)

① 7

② 9                    ③ 8

④ 5                    ⑤ 6

⑥ 10                   ⑦ 4

 풀이

② 18÷2=9 (cm)

③ 16÷2=8 (cm)

④ 10÷2=5 (cm)

⑤ 12÷2=6 (cm)

⑥ 20÷2=10 (cm)

⑦ 8÷2=4 (cm)

 풀이

③ (선분 ㄱㄴ의 길이)=(두 원의 지름의 합)
　　　　　　　　　＝6+6=12 (cm)

④ (선분 ㄱㄴ의 길이)=(반지름)×3
　　　　　　　　　＝3×3=9 (cm)

⑤ (선분 ㄱㄴ의 길이)=(지름)×3
　　　　　　　　　＝6×3=18 (cm)

⑥ (선분 ㄱㄴ의 길이)=(반지름)×4
　　　　　　　　　＝3×4=12 (cm)

⑦ (선분 ㄱㄴ의 길이)=(지름)×4
　　　　　　　　　＝4×4=16 (cm)

⑧ (선분 ㄱㄴ의 길이)=(반지름)×5
　　　　　　　　　＝2×5=10 (cm)

① 6                    ② 3

③ 6                    ④ 6

⑤ 7                    ⑥ 10

⑦ 9                    ⑧ 7

 풀이

① 3+3=6 (cm)

③ 1+5=6 (cm)

④ 4+2=6 (cm)

⑤ 3+4=7 (cm)

⑥ 4+6=10 (cm)

⑦ 4+5=9 (cm)

⑧ 2+5=7 (cm)

① 16 cm               ② 12 cm

③ 12 cm               ④ 9 cm

⑤ 18 cm               ⑥ 12 cm

⑦ 16 cm               ⑧ 10 cm

① 8 cm

② 24 cm, 8 cm

③ 64 cm

 풀이

① 원의 지름은 두 점 사이의 거리와 같습니다.
세 점 사이의 거리가 16 cm이므로 한 원의 지름
은 16÷2=8 (cm)입니다.

② 직사각형의 가로는 원의 지름의 3배와 같고,
직사각형의 세로는 원의 지름과 같습니다. 따라서
가로는 8×3=24 (cm)이고, 세로는 8 cm입니다.

③ (직사각형의 둘레)=((가로)+(세로))×2
=(24+8)×2
=32×2=64 (cm)

# 03

## 03단계 Ⓐ　26쪽

① 125 / 35　　② 180 / 0

③ 90, 220 / 90, 40　　④ 90, 110 / 20, 70

⑤ 120, 170 / 120, 70　　⑥ 90, 270 / 180, 90

⑦ 270° / 30°　　⑧ 210° / 150°

 풀이

⑦ 합: 120°+150°=270°
차: 150°−120°=30°

⑧ 합: 30°+180°=210°
차: 180°−30°=150°

① 75　　② 135

③ 120　　④ 105

⑤ 15　　⑥ 60

 풀이

② 90°+45°=135°

③ 90°+30°=120°

④ 45°+60°=105°

⑥ 90°−30°=60°

## 03단계 Ⓒ　28쪽

① 65　　② 75

③ 45　　④ 120

⑤ 110　　⑥ 55

⑦ 60　　⑧ 80

 풀이

② 180°−15°−90°=75°

③ 180°−90°−45°=45°

④ 180°−30°−30°=120°

⑥ 180°−80°−45°=55°

⑦ 180°−60°−60°=60°

⑧ 180°−10°−90°=80°

① 20

② 25　　　　　　　　　③ 30

④ 65　　　　　　　　　⑤ 80

⑥ 70　　　　　　　　　⑦ 55

 풀이

접은 부분의 각도는 접힌 부분의 각도와 같습니다.

① 90°−50°=40°이므로 한 각의 크기는 40°의 절
반입니다. ➡ 40°÷2=20°

② 90°−40°=50° ➡ 50°÷2=25°

③ 90°−30°=60° ➡ 60°÷2=30°

⑤ 180°−20°=160° ➡ 160°÷2=80°

⑥ 180°−40°=140° ➡ 140°÷2=70°

⑦ 180°−70°=110° ➡ 110°÷2=55°

① 80

② 85　　　　　　　　　③ 50

④ 30　　　　　　　　　⑤ 75

⑥ 95　　　　　　　　　⑦ 50

풀이

② 25°+70°+□°=180° ➡ □°=85°

③ □°+35°+95°=180° ➡ □°=50°

④ □°+50°+100°=180° ➡ □°=30°

⑤ 60°+45°+□°=180° ➡ □°=75°

⑥ □°+25°+60°=180° ➡ □°=95°

⑦ □°+60°+70°=180° ➡ □°=50°

① 90°　　　　　② 55°　　　　　③ 35°

풀이

① 한 직선의 크기는 180°이므로 각 ㉠과 각 ㉡의 크
기의 합은 180°−90°=90°입니다.

② 한 직선의 크기는 180°이므로 각 ㉡은
180°−125°=55°입니다.

③ 각 ㉠과 각 ㉡의 크기의 합은 90°이므로 각 ㉠은
90°−55°=35°입니다.

① 70

② 165　　　　　　　　　③ 120

④ 65　　　　　　　　　⑤ 80

⑥ 150　　　　　　　　　⑦ 100

풀이

② 55°+□°+65°+75°=360° ➡ □°=165°

③ 80°+100°+□°+60°=360° ➡ □°=120°

④ 95°+110°+90°+□°=360° ➡ □°=65°

⑤ 120°+75°+85°+□°=360° ➡ □°=80°

⑥ 105°+□°+60°+45°=360° ➡ □°=150°

⑦ □°+70°+110°+80°=360° ➡ □°=100°

① 75                    ② 75

③ 15                    ④ 45

⑤ 100                   ⑥ 100

⑦ 145                   ⑧ 115

 풀이

① ☐°+50°+50°=180° ➡ ☐°=75°

② 180°−130°=50°
☐°+55°+50°=180° ➡ ☐°=75°

③ 180°−75°=105°
☐°+60°+105°=180° ➡ ☐°=15°

④ 180°−90°=90°
☐°+45°+90°=180° ➡ ☐°=45°

⑤ 180°−100°=80°
120°+60°+80°+☐°=360° ➡ ☐°=100°

⑥ 180°−120°=60°
☐°+80°+120°+60°=360° ➡ ☐°=100°

⑦ 180°−150°=30°
110°+75°+30°+☐°=360° ➡ ☐°=145°

⑧ 180°−105°=75°
75°+75°+75°+☐°=360° ➡ ☐°=115°

① 65°          ② 70°          ③ 45°

 풀이

① 한 직선은 180°입니다.
(각 ㄹㅁㄷ)=180°−115°=65°

② 사각형의 네 각의 크기의 합은 360°입니다.
➡ (각 ㄴㄷㄹ)=360°−130°−60°−100°=70°

③ (각 ㄹㅁㄷ)=65°, (각 ㅁㄷㄹ)=70°이고 삼각형
의 세 각의 크기의 합은 180°이므로 각 ㅁㄹㄷ은
180°−65°−70°=45°입니다.

① 직각에 ◯표

② 예각에 ◯표

③ 둔각에 ◯표

④ 이등변, 예각에 ◯표

⑤ 이등변, 둔각에 ◯표

⑥ 이등변, 직각에 ◯표

⑦ 이등변, 정, 예각에 ◯표

 풀이

② 나머지 한 각의 크기: 180°−50°−60°=70°
➡ 예각삼각형

③ 나머지 한 각의 크기: 180°−55°−25°=100°
➡ 둔각삼각형

⑤ 한 각이 둔각 ➡ 둔각삼각형
나머지 한 각의 크기: 180°−35°−110°=35°
두 각이 35° ➡ 이등변삼각형

⑥ 두 각이 45° ➡ 이등변삼각형
나머지 한 각의 크기: 180°−45°−45°=90°
➡ 직각삼각형

① 24 cm      ② 33 cm

③ 21 cm      ④ 19 cm

⑤ 19 cm      ⑥ 22 cm

⑦ 13 cm      ⑧ 27 cm

 풀이

① $8 \times 3 = 24$ (cm)

② $11 \times 3 = 33$ (cm)

③ $8 + 8 + 5 = 21$ (cm)

④ $7 + 7 + 5 = 19$ (cm)

⑤ $5 + 5 + 9 = 19$ (cm)

⑥ $6 + 6 + 10 = 22$ (cm)

⑦ $4 + 4 + 5 = 13$ (cm)

⑧ $8 + 8 + 11 = 27$ (cm)

① 9      ② 8

③ 4      ④ 6

⑤ 10      ⑥ 9

 풀이

② $\boxed{\phantom{x}} \times 3 = 24$ ➡ $\boxed{\phantom{x}} = 24 \div 3 = 8$

④ $11 + 11 + \boxed{\phantom{x}} = 28$
    ➡ $\boxed{\phantom{x}} = 28 - 22 = 6$

⑤ $7 + 7 + \boxed{\phantom{x}} = 24$ ➡ $\boxed{\phantom{x}} = 24 - 14 = 10$

⑥ $\boxed{\phantom{x}} + \boxed{\phantom{x}} + 8 = 26$, $\boxed{\phantom{x}} + \boxed{\phantom{x}} = 18$
    ➡ $\boxed{\phantom{x}} = 18 \div 2 = 9$

① 20

② 50      ③ 30

④ 70      ⑤ 140

⑥ 110      ⑦ 60

 풀이

② $180° - 65° - 65° = 50°$

③ $180° - 75° - 75° = 30°$

④ $180° - 55° - 55° = 70°$

⑤ $180° - 20° - 20° = 140°$

⑥ $180° - 35° - 35° = 110°$

⑦ $180° - 60° - 60° = 60°$

① 이등변삼각형      ② 66 cm

③ 6 cm      ④ 15 cm

 풀이

① 두 변의 길이가 같은 삼각형은 이등변삼각형입니다.

② 정삼각형은 세 변의 길이가 모두 같습니다.
    ➡ $22 \times 3 = 66$ (cm)

③ 이등변삼각형은 두 변의 길이가 같고, 이등변삼각형의 둘레는 세 변의 길이를 모두 더한 값입니다.
    ➡ $30 - 12 - 12 = 6$ (cm)

④ 정삼각형은 세 변의 길이가 모두 같습니다.
    ➡ $45 \div 3 = 15$ (cm)

① 40

② 30　　　　　　　　③ 45

④ 115　　　　　　　　⑤ 160

⑥ 55　　　　　　　　⑦ 40

 풀이

② ☐°＝180°－90°－60°＝30°

③ ☐°＝180°－90°－45°＝45°

④ 90°－25°＝65° ➡ ☐°＝180°－65°＝115°

⑤ 90°－70°＝20° ➡ ☐°＝180°－20°＝160°

⑥ 90°－55°＝35°
　➡ ☐°＝180°－90°－35°＝55°

⑦ 90°－40°＝50°
　➡ ☐°＝180°－90°－50°＝40°

① 16 cm　　　　　② 15 cm

③ 14 cm　　　　　④ 16 cm

⑤ 16 cm　　　　　⑥ 13 cm

 풀이

② 8＋7＝15 (cm)

③ 6＋8＝14 (cm)

④ 8＋8＝16 (cm)

⑤ 4＋12＝16 (cm)

⑥ 4＋9＝13 (cm)

① 13 cm

② 19 cm　　　　　③ 20 cm

④ 13 cm　　　　　⑤ 12 cm

 풀이

① 9＋4＝13 (cm)

② 13＋6＝19 (cm)

③ 15＋5＝20 (cm)

④ 3＋10＝13 (cm)

⑤ 9＋3＝12 (cm)

① 130

② 110　　　　　　　③ 145

④ 65　　　　　　　　⑤ 100

⑥ 70　　　　　　　　⑦ 125

 풀이

① ☐°＝360°－50°－90°－90°＝130°

② 수선을 그어 사각형을 만들면
　☐°＝360°－70°－90°－90°＝110°입니다.

③ 수선을 그어 사각형을 만들면
　☐°＝360°－35°－90°－90°＝145°입니다.

① 30°       ② 40°       ③ 70°

 풀이

①② 평행선에서 서로 엇갈린 위치에 있는 각의 크기
는 같습니다.

③ 30°+40°=70°

 07

07단계 Ⓐ                51쪽

① 4

② 3           ③ 4

④ 6           ⑤ 9

⑥ 6           ⑦ 5

 풀이

① (선분 ㄴㅁ의 길이)=(선분 ㄱㄹ의 길이)=6 cm
➡ (선분 ㅁㄷ의 길이)=10−6=4 (cm)

② (선분 ㄴㅁ의 길이)=(선분 ㄱㄹ의 길이)=9 cm
➡ (선분 ㅁㄷ의 길이)=12−9=3 (cm)

③ (선분 ㄴㅁ의 길이)=(선분 ㄱㄹ의 길이)=10 cm
➡ (선분 ㅁㄷ의 길이)=14−10=4 (cm)

④ (선분 ㄴㅁ의 길이)=(선분 ㄱㄹ의 길이)=8 cm
➡ (선분 ㅁㄷ의 길이)=14−8=6 (cm)

⑤ (선분 ㅁㄷ의 길이)=(선분 ㄱㄹ의 길이)=6 cm
➡ (선분 ㄴㅁ의 길이)=15−6=9 (cm)

⑥ (선분 ㄴㅁ의 길이)=(선분 ㄱㄹ의 길이)=7 cm
➡ (선분 ㅁㄷ의 길이)=13−7=6 (cm)

⑦ (선분 ㅁㄷ의 길이)=(선분 ㄱㄹ의 길이)=9 cm
➡ (선분 ㄴㅁ의 길이)=14−9=5 (cm)

07단계 Ⓑ                52쪽

① 6 / 24           ② 9 / 36

③ 7 / 28           ④ 8, 4 / 32

⑤ 5, 9 / 28        ⑥ 10, 12 / 44

⑦ 7, 15 / 44       ⑧ 13, 8 / 42

07단계 Ⓒ                53쪽

① 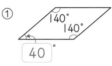      ②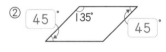

③ 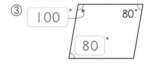      ④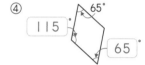

⑤ 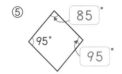      ⑥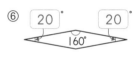

⑦ 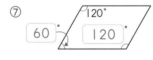      ⑧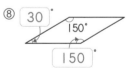

 풀이

① 180°−140°=40°

② 180°−135°=45°

③ 180°−80°=100°

④ 180°−65°=115°

⑤ 180°−95°=85°

⑥ 180°−160°=20°

⑦ 180°−120°=60°

⑧ 180°−150°=30°

① 이등변삼각형      ② 80°

③ 140°      ④ 20°

풀이

> ① 삼각형 ㄱㄴㄷ은 정삼각형으로 변 ㄱㄴ과 변 ㄱㄷ의 길이가 같고, 사각형 ㄱㄷㄹㅁ은 마름모로 변 ㄱㄷ과 변 ㄱㅁ의 길이가 같습니다.
>
> ② 180°−100°=80
>
> ③ (각 ㄴㄱㄷ)+(각 ㄷㄱㅁ)=60°+80°=140°
>
> ④ 이등변삼각형에서 한 각의 크기가 140°이므로 크기가 같은 두 각의 크기의 합은 40°입니다. 각 ㄱㄴㅁ은 크기가 같은 두 각 중 한 각이므로 40°÷2=20°입니다.

## 08단계 Ⓐ     57쪽

① 5, 5 / 10

② 6, 6 / 12      ③ 9, 9 / 18

④ 5, 5 / 10      ⑤ 7, 7 / 14

⑥ 8, 8 / 16      ⑦ 12, 12 / 24

## 08단계 Ⓑ     58쪽

① 7, 3 / 21      ② 5, 4 / 20

③ 5, 5 / 25      ④ 6, 6 / 36

⑤ 4, 7 / 28      ⑥ 3, 8 / 24

⑦ 2, 9 / 18      ⑧ 1, 10 / 10

① 4      ② 7

③ 8      ④ 12

⑤ 9      ⑥ 6

⑦ 13      ⑧ 14

풀이

> ① 24÷6=4 (cm)
>
> ② 63÷9=7 (cm)
>
> ③ 64÷8=8 (cm)
>
> ④ 36÷3=12 (cm)
>
> ⑤ 45÷5=9 (cm)
>
> ⑥ 42÷7=6 (cm)
>
> ⑦ 52÷4=13 (cm)
>
> ⑧ 42÷3=14 (cm)

## 08단계 Ⓓ     60쪽

① 60, 3 / 180      ② 90, 4 / 360

③ 540      ④ 720

⑤ 1080      ⑥ 1260

⑦ 1440

풀이

> ③ 108°×5=540°
>
> ④ 120°×6=720°
>
> ⑤ 135°×8=1080°
>
> ⑥ 140°×9=1260°
>
> ⑦ 144°×10=1440°

① 정구각형                 ② 정육각형

③ 7 cm                    ④ 4개

 풀이

① 변이 $36 \div 4 = 9$(개)이므로 정구각형입니다.

② 각이 $720 \div 120 = 6$(개)이므로 정육각형입니다.

③ $84 \div 12 = 7$ (cm)

④ $1 \ m = 100 \ cm$입니다.
  정오각형의 둘레는 $5 \times 5 = 25$ (cm)이고,
  $100 \div 25 = 4$이므로 정오각형은 4개 만들 수 있습니다.

① 6 / 3, 6

② 16 / 8, 16          ③ 12 / 6, 12

④ 8 / 16, 8           ⑤ 7 / 14, 7

⑥ 9 / 18, 9           ⑦ 10 / 20, 10

① 14, 10 / 24         ② 12, 6 / 18

③ 10, 8 / 18          ④ 10, 4 / 14

⑤ 14, 6 / 20          ⑥ 18, 8 / 26

⑦ 18, 14 / 32         ⑧ 12, 12 / 24

① 30

② 35                  ③ 40

④ 20                  ⑤ 30

⑥ 32                  ⑦ 26

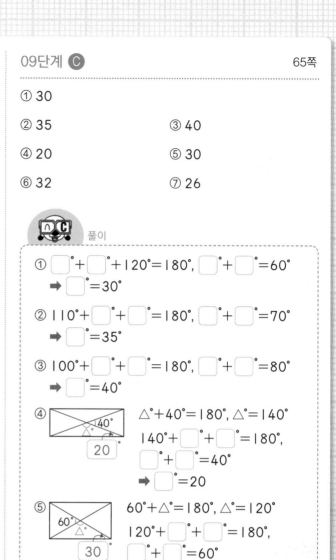

## 09단계 Ⓓ　　　　　　　　　　　　　　　　66쪽

① 20

② 30　　　　　　　　　③ 35

④ 90　　　　　　　　　⑤ 80

⑥ 100　　　　　　　　　⑦ 130

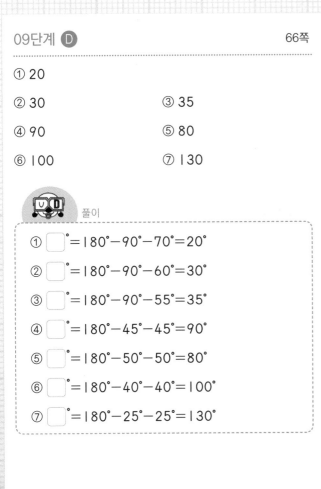

풀이

① ⬚°=180°−90°−70°=20°

② ⬚°=180°−90°−60°=30°

③ ⬚°=180°−90°−55°=35°

④ ⬚°=180°−45°−45°=90°

⑤ ⬚°=180°−50°−50°=80°

⑥ ⬚°=180°−40°−40°=100°

⑦ ⬚°=180°−25°−25°=130°

## 09단계 도전! 땅 짚고 헤엄치는 활용 문제　　　67쪽

① 50°　　　　② 50°　　　　③ 40°

풀이

② 마름모의 대각선은 각을 똑같이 둘로 나누므로
　각 ㄱㄹㄷ의 크기와 같습니다.

③ 삼각형 ㄹㅂㅁ은 직각삼각형이므로 각 ㄱㅁㄹ은
　180°−90°−50°=40°입니다.

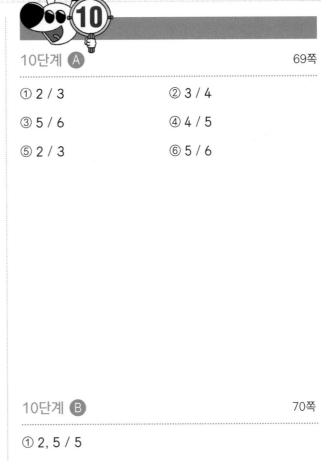

## 10단계 Ⓐ　　　　　　　　　　　　　　　　69쪽

① 2 / 3　　　　　　　　② 3 / 4

③ 5 / 6　　　　　　　　④ 4 / 5

⑤ 2 / 3　　　　　　　　⑥ 5 / 6

## 10단계 Ⓑ　　　　　　　　　　　　　　　　70쪽

① 2, 5 / 5

② 3, 6 / 9

③ 4, 7 / 14

④ 5, 8 / 20

## 10단계 Ⓒ　　　　　　　　　　　　　　　　71쪽

① 3 / 540

② 4 / 720

③ 5 / 900

④ 6 / 1080

① 2개          ② 9개

③ 6개          ④ 540°

풀이

① 자기 자신과 양 옆에 이웃한 꼭짓점까지 모두 3개를 빼고 남은 꼭짓점에 대각선을 그을 수 있습니다.

② $(6-3) \times 6 \div 2 = 9$(개)

③ $8 - 2 = 6$(개)

④ 오각형은 3개의 삼각형으로 나눌 수 있으므로 오각형의 내각의 크기의 합은 $180° \times 3 = 540°$입니다.

## 11단계 A     75쪽

① 7 / 7          ② 9 / 9

③ 8 / 8          ④ 5 / 5

⑤ 8 / 8          ⑥ 10 / 10

## 11단계 B     76쪽

① 3 / 3 / 9        ② 2 / 3 / 6

③ 5 / 2 / 10       ④ 4 / 3 / 12

⑤ 2 / 4 / 8        ⑥ 5 / 3 / 15

## 11단계 C     77쪽

① 40, 60 / 2400     ② 60, 60 / 3600

③ 90, 70 / 6300     ④ 80, 80 / 6400

⑤ 84 m²          ⑥ 81 m²

⑦ 120 m²        ⑧ 121 m²

풀이

⑤ $7 \times 12 = 84$ (m²)

⑥ $9 \times 9 = 81$ (m²)

⑦ $12 \times 10 = 120$ (m²)

⑧ $11 \times 11 = 121$ (m²)

## 11단계 D     78쪽

① 20          ② 25

③ 10          ④ 12

⑤ 12          ⑥ 15

풀이

② $\square \times 10 = 250 \Rightarrow \square = 250 \div 10 = 25$

③ $\square \times 11 = 110 \Rightarrow \square = 110 \div 11 = 10$

④ $6 \times \square = 72 \Rightarrow \square = 72 \div 6 = 12$

⑤ $16 \times \square = 192 \Rightarrow \square = 192 \div 16 = 12$

⑥ $14 \times \square = 210 \Rightarrow \square = 210 \div 14 = 15$

① 45 cm²      ② 6 cm

③ 8 cm      ④ 2배

 풀이

① $5 \times 9 = 45 \,(\text{cm}^2)$

② (직사각형의 넓이)$= 4 \times 9 = 36 \,(\text{cm}^2)$
정사각형의 한 변의 길이를 ●cm라고 하면
●×●=36, ●=6입니다.

③ 직사각형의 가로를 ●cm, 세로를 ▲cm라고 하면
(●+▲)×2=30, ●×▲=56입니다.
●+▲=15이고, ●×▲=56인 두 수는
7과 8입니다.
●>▲이므로 ●=8, ▲=7이 됩니다.

④ 처음 직사각형의 가로를 ●, 세로를 ▲라고 하면
새로 만든 직사각형의 가로는 ●×2, 세로는 ▲입니다.
(처음 직사각형의 넓이)=●×▲
(새로 만든 직사각형의 넓이)=●×2×▲
                    =●×▲×2
새로 만든 직사각형의 넓이는 처음 직사각형의 넓이의 2배입니다.

**12단계 A**      81쪽

① 3 / 4 / 12      ② 4 / 2 / 8

③ 4 / 4 / 16      ④ 4 / 4 / 16

⑤ 2 / 4 / 8      ⑥ 3 / 5 / 15

① 15, 7 / 105      ② 6, 13 / 78

③ 12, 9 / 108      ④ 11, 11 / 121

⑤ 112 m²      ⑥ 144 m²

⑦ 130 m²      ⑧ 180 m²

 풀이

⑤ $14 \times 8 = 112 \,(\text{m}^2)$

⑥ $9 \times 16 = 144 \,(\text{m}^2)$

⑦ $13 \times 10 = 130 \,(\text{m}^2)$

⑧ $15 \times 12 = 180 \,(\text{m}^2)$

**12단계 C**      83쪽

① 15      ② 17

③ 14      ④ 16

⑤ 19      ⑥ 18

 풀이

② $\square \times 17 = 289 \Rightarrow \square = 289 \div 17 = 17$

③ $18 \times \square = 252 \Rightarrow \square = 252 \div 18 = 14$

④ $11 \times \square = 176 \Rightarrow \square = 176 \div 11 = 16$

⑤ $13 \times \square = 247 \Rightarrow \square = 247 \div 13 = 19$

⑥ $20 \times \square = 360 \Rightarrow \square = 360 \div 20 = 18$

## 12단계 도전! 땅 짚고 헤엄치는 활용 문제　84쪽

① 평행사변형　　　② 19 cm

③ 18 cm　　　　　④ 342 cm$^2$

 풀이

① 마주 보는 두 변이 서로 평행한 사각형이므로 평행
　사변형입니다.

② 가로를 3등분하면 57÷3＝19 (cm)입니다.

③ 평행사변형의 높이는 직사각형의 세로와 같습니다.

④ 밑변의 길이가 19 cm이고, 높이가 18 cm인 평행
　사변형의 넓이는 19×18＝342 (cm$^2$)입니다.

## 13단계 A　86쪽

① 4 / 3 / 6　　　　② 4 / 4 / 8

③ 5 / 4 / 10　　　　④ 6 / 2 / 6

⑤ 4 / 6 / 12　　　　⑥ 4 / 3 / 6

## 13단계 B　87쪽

① 560　　　　　　② 27 / 486

③ 442 cm$^2$　　　　④ 735 cm$^2$

⑤ 960 cm$^2$　　　　⑥ 864 cm$^2$

 풀이

③ 34×26÷2＝442 (cm$^2$)

④ 35×42÷2＝735 (cm$^2$)

⑤ 40×48÷2＝960 (cm$^2$)

⑥ 48×36÷2＝864 (cm$^2$)

## 13단계 C　88쪽

① 25　　　　　　② 30

③ 17　　　　　　④ 22

⑤ 28　　　　　　⑥ 32

 풀이

② □×18÷2＝270

➡ □＝270×2÷18＝30

③ □×24÷2＝204

➡ □＝204×2÷24＝17

④ □×31÷2＝341

➡ □＝341×2÷31＝22

⑤ 14×□÷2＝196

➡ □＝196×2÷14＝28

⑥ 20×□÷2＝320

➡ □＝320×2÷20＝32

## 13단계 도전! 땅 짚고 헤엄치는 활용 문제　89쪽

① 16 cm　　　　　② 12 cm

③ 120 cm$^2$　　　　④ 20 cm

 풀이

③ 15×16÷2＝120 (cm$^2$)

④ 변 ㄴㄷ의 길이를 ■ cm라 하면
　■×12÷2＝120, ■＝120×2÷12＝20입
니다.

## 14

14단계 Ⓐ                                                                91쪽

① 4 / 2 / 8          ② 6 / 2 / 12

③ 6 / 3 / 18         ④ 4 / 3 / 12

⑤ 2 / 3 / 6          ⑥ 8 / 3 / 24

14단계 Ⓑ                                                                92쪽

① 6 / 4 / 12         ② 4 / 4 / 8

③ 2 / 6 / 6          ④ 8 / 4 / 16

⑤ 6 / 6 / 18         ⑥ 10 / 4 / 20

14단계 Ⓒ                                                                93쪽

① 288               ② 25 / 350

③ 30, 26 / 390       ④ 18, 22 / 198

⑤ 350 cm$^2$         ⑥ 352 cm$^2$

 풀이

⑤ $35 \times 20 \div 2 = 350$ (cm$^2$)

⑥ $22 \times 32 \div 2 = 352$ (cm$^2$)

14단계 Ⓓ                                                                94쪽

① 26                ② 28

③ 13                ④ 11

⑤ 16                ⑥ 13

 풀이

① $32 \times \boxed{\phantom{0}} \div 2 = 416 \Rightarrow \boxed{\phantom{0}} = 832 \div 32 = 26$

② $24 \times \boxed{\phantom{0}} \div 2 = 336 \Rightarrow \boxed{\phantom{0}} = 672 \div 24 = 28$

③ $34 \times \boxed{\phantom{0}} = 442 \Rightarrow \boxed{\phantom{0}} = 442 \div 34 = 13$

④ $33 \times \boxed{\phantom{0}} = 363 \Rightarrow \boxed{\phantom{0}} = 363 \div 33 = 11$

⑤ $36 \times \boxed{\phantom{0}} = 576 \Rightarrow \boxed{\phantom{0}} = 576 \div 36 = 16$

⑥ $38 \times \boxed{\phantom{0}} = 494 \Rightarrow \boxed{\phantom{0}} = 494 \div 38 = 13$

14단계 도전! 땅 짚고 헤엄치는 문장제                                        95쪽

① 60 cm$^2$          ② 120 cm$^2$

③ 45 cm$^2$          ④ 6 cm

 풀이

(마름모의 넓이)
=(한 대각선의 길이)×(다른 대각선의 길이)÷2

① $15 \times 8 \div 2 = 60$ (cm$^2$)

② $12 \times 20 \div 2 = 120$ (cm$^2$)

③ 직사각형이 마름모를 둘러싸고 있으므로 마름모의
넓이는 직사각형의 넓이의 절반입니다.
➡ $15 \times 6 \div 2 = 45$ (cm$^2$)

④ 다른 대각선의 길이를 ■ cm라 하면
$10 \times ■ \div 2 = 30$, ■$= 30 \times 2 \div 10$, ■$= 6$입니다.

## 15단계 Ⓐ

97쪽

① 7 / 2 / 7

② 6 / 3 / 9

③ 5 / 4 / 10

④ 6 / 4 / 12

## 15단계 Ⓑ

98쪽

① 100

② 14, 9 / 99　　　③ 9, 10 / 110

④ 140 cm²　　　⑤ 144 cm²

⑥ 150 cm²　　　⑦ 144 cm²

 풀이

④ $(12+16)×10÷2=140\ (cm^2)$

⑤ $(15+9)×12÷2=144\ (cm^2)$

⑥ $(15+10)×12÷2=150\ (cm^2)$

⑦ $(14+18)×9÷2=144\ (cm^2)$

## 15단계 Ⓒ

99쪽

① 108 cm²　　　② 110 cm²

③ 117 cm²　　　④ 180 cm²

⑤ 144 cm²　　　⑥ 210 cm²

⑦ 160 cm²　　　⑧ 143 cm²

풀이

① $(12+15)×8÷2=108\ (cm^2)$

② $(9+11)×11÷2=110\ (cm^2)$

③ $(10+16)×9÷2=117\ (cm^2)$

④ $(17+13)×12÷2=180\ (cm^2)$

⑤ $(6+18)×12÷2=144\ (cm^2)$

⑥ $(11+19)×14÷2=210\ (cm^2)$

⑦ $(20+12)×10÷2=160\ (cm^2)$

⑧ $(7+15)×13÷2=143\ (cm^2)$

## 15단계 Ⓓ

100쪽

① 18

② 16　　　　　　　　　③ 17

④ 14

⑤ 17　　　　　　　　　⑥ 20

풀이

② $(22+14)×\boxed{\phantom{0}}÷2=288,\ 36×\boxed{\phantom{0}}=576,$
　$\boxed{\phantom{0}}=16$

③ $(15+25)×\boxed{\phantom{0}}÷2=340,\ 40×\boxed{\phantom{0}}=680,$
　$\boxed{\phantom{0}}=17$

⑤ $(13+\boxed{\phantom{0}})×15÷2=225,$
　$(13+\boxed{\phantom{0}})×15=450,\ 13+\boxed{\phantom{0}}=30,$
　$\boxed{\phantom{0}}=17$

⑥ $(\boxed{\phantom{0}}+23)×18÷2=387,$
　$(\boxed{\phantom{0}}+23)×18=774,\ \boxed{\phantom{0}}+23=43,$
　$\boxed{\phantom{0}}=20$

15단계 [도전] 땅 짚고 헤엄치는 **활용 문제**    101쪽

① 198 cm²　　② 22 cm　　③ 27 cm

 풀이

① 495−297=198 (cm²)

② 변 ㄷㄹ의 길이를 ■ cm라고 하면
　 18×■÷2=198, 18×■=396,
　 ■=22입니다.

③ 삼각형 ㄱㄴㄷ의 높이는 변 ㄹㄷ으로 22 cm입니다. 변 ㄴㄷ의 길이를 ■ cm라고 하면
　 ■×22÷2=297, ■×22=594,
　 ■=27입니다.

16단계 Ⓐ    105쪽

① 13

② 10

③ 14

④ 14

⑤ 12

 풀이

① (변 ㅁㅂ의 길이)=(변 ㄴㄷ의 길이)=5 cm
　➡ (변 ㄹㅂ의 길이)=30−12−5=13 (cm)

② (변 ㄹㅂ의 길이)=(변 ㄱㄷ의 길이)
　　　　　　　　=39−17−12=10 (cm)

③ (변 ㄹㅁ의 길이)=(변 ㄱㄴ의 길이)
　　　　　　　　=34−10−10=14 (cm)

④ (변 ㄴㄷ의 길이)=(변 ㅁㅂ의 길이)=16 cm
　➡ (변 ㄱㄷ의 길이)=40−10−16=14 (cm)

⑤ (변 ㄱㄴ의 길이)=(변 ㄹㅁ의 길이)=12 cm
　➡ (변 ㄱㄷ의 길이)=42−12−18=12 (cm)

16단계 Ⓑ    106쪽

① 40

② 105

③ 60

④ 70

⑤ 120

 풀이

① (각 ㄹㅂㅁ)=(각 ㄱㄷㄴ)
　　　　　=180°−70°−70°=40°

② (각 ㄹㅂㅁ)=(각 ㄱㄷㄴ)
　　　　　=180°−40°−35°=105°

③ (각 ㅁㄹㅂ)=(각 ㄴㄱㄷ)=55°
　➡ (각 ㄹㅂㅁ)=180°−55°−65°=60°

④ (각 ㄹㅂㅁ)=(각 ㄱㄷㄴ)=65°
　➡ (각 ㄹㅁㅂ)=180°−45°−65°=70°

⑤ (각 ㅁㄹㅂ)=(각 ㄴㄱㄷ)=25°
　➡ (각 ㄹㅁㅂ)=180°−25°−35°=120°

16단계 Ⓒ    107쪽

① 50

② 125

③ 60

④ 40

⑤ 100

풀이

① (각 ㅁㅇㅅ)=(각 ㄱㄹㄷ)=130°
　➡ (각 ㅂㅅㅇ)=360°−90°−90°−130°=50°

② (각 ㄴㄷㄹ)=(각 ㅂㅅㅇ)=55°
　➡ (각 ㅁㅇㅅ)=(각 ㄱㄹㄷ)
　　　　　　=360°−110°−70°−55°
　　　　　　=125°

③ (각 ㅂㅅㅇ)=(각 ㄴㄷㄹ)=110°
　➡ (각 ㅁㅇㅅ)=360°−100°−90°−110°=60°

④ (각 ㅂㅅㅇ)=(각 ㄴㄷㄹ)=140°
　➡ (각 ㅁㅇㅅ)=360°−140°−40°−140°=40°

⑤ (각 ㄴㄱㄹ)=(각 ㅂㅁㅇ)=50°
　➡ (각 ㅂㅅㅇ)=(각 ㄴㄷㄹ)
　　　　　　=360°−50°−100°−110°
　　　　　　=100°

## 16단계 도전! 땅 짚고 헤엄치는 활용 문제　108쪽

① 각 ㅁㄷㄹ　　　　② 40°
③ 110°　　　　④ 30°

 풀이

① 각 ㄱㄷㄴ의 대응각은 각 ㅁㄷㄹ입니다.

② (각 ㄱㄷㄴ)+(각 ㅁㄷㄹ)=80°,
　(각 ㄱㄷㄴ)=(각 ㅁㄷㄹ)이고, 40+40=80이므
　로 (각 ㅁㄷㄹ)=40°입니다.

③ 각 ㄷㄴㄱ의 대응각이므로 110°입니다.

④ 180°−40°−110°=30°

## 17단계 Ⓐ　110쪽

① 40

② 60　　　　　　　③ 110

④ 100　　　　　　⑤ 40

⑥ 108　　　　　　⑦ 120

 풀이

② 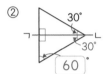　180°−90°−30°=60°

③ 　360°−90°−90°−70°
　　=110°

④ 　□°=△°×2라 하면
　　△°=360°−130°−90°
　　　　−90°=50°입니다.
　➡ □°=50°×2=100°

⑤ 　360°−120°−110°−90°
　　=40°

⑥ 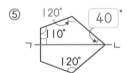　360°−54°−108°−90°
　　=108°

⑦ 　360°−60°−60°−120°
　　=120°

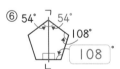

## 17단계 Ⓑ · 111쪽

① 7 / 58 cm

② 7 / 56 cm

③ 10 / 50 cm

④ 10, 10 / 72 cm

 풀이

① $(7+13+9) \times 2 = 29 \times 2 = 58$ (cm)

② $(7+14+7) \times 2 = 28 \times 2 = 56$ (cm)

③ $(15+10) \times 2 = 25 \times 2 = 50$ (cm)

④ $(10+16+10) \times 2 = 36 \times 2 = 72$ (cm)

풀이

① $4 \times 8 = 32$ (cm$^2$)

② $(6 \times 3 \div 2) \times 2 = 18$ (cm$^2$)

③ $(6+4) \times 5 \div 2 = 25$ (cm$^2$)

## 17단계 Ⓒ · 112쪽

① 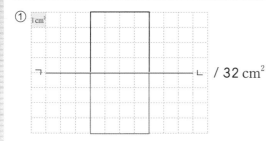 / 32 cm$^2$

② 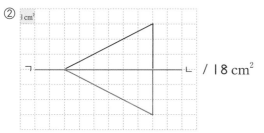 / 18 cm$^2$

③ 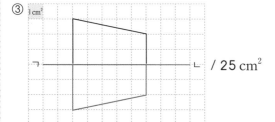 / 25 cm$^2$

## 17단계 도전! 땅 짚고 헤엄치는 활용 문제 · 113쪽

① 45°

② 직각삼각형, 이등변삼각형

③ 9 cm

④ 81 cm$^2$

 풀이

① $180° - 45° - 90° = 45°$

② 각 ㄱㄹㄴ이 직각이므로 직각삼각형입니다.
각 ㄱㄴㄹ과 각 ㄹㄱㄴ의 크기가 같으므로 이등변 삼각형입니다.

③ 삼각형 ㄱㄴㄹ이 이등변삼각형이므로 변 ㄴㄹ의 길이와 같습니다.

④ 밑변의 길이가 18 cm이고, 높이가 9 cm인 삼각 형의 넓이는 $18 \times 9 \div 2 = 81$ (cm$^2$)입니다.

① 7.5

② 18                        ③ 16

④ 9.5                       ⑤ 12

⑥ 8                         ⑦ 15

 풀이

① (선분 ㄷㅇ의 길이)=(선분 ㄱㄷ의 길이)÷2
　　　　　　　　　　=15÷2=7.5 (cm)

② (선분 ㄱㄷ의 길이)=(선분 ㄱㅇ의 길이)×2
　　　　　　　　　　=9×2=18 (cm)

③ (선분 ㄴㄹ의 길이)=(선분 ㄹㅇ의 길이)×2
　　　　　　　　　　=8×2=16 (cm)

④ (선분 ㅁㅇ의 길이)=(선분 ㄴㅁ의 길이)÷2
　　　　　　　　　　=19÷2=9.5 (cm)

⑤ (선분 ㅁㅇ의 길이)=(선분 ㄱㅁ의 길이)÷2
　　　　　　　　　　=24÷2=12 (cm)

⑥ (선분 ㅇㅂ의 길이)
　=(선분 ㅁㅇ의 길이)−(선분 ㅁㅂ의 길이)
　=(선분 ㄴㅇ의 길이)−(선분 ㅁㅂ의 길이)
　=13−5=8 (cm)

⑦ 선분 ㄴㄹ은 원의 반지름으로 10 cm이고
　(선분 ㄴㅇ의 길이)=(선분 ㄹㅇ의 길이)이므로
　(선분 ㄹㅇ의 길이)=10÷2=5 (cm)입니다.
　➡ (선분 ㄷㅇ의 길이)=5+10=15 (cm)

① 70                        ② 50

③ 66                        ④ 35

⑤ 135                       ⑥ 120

⑦ 50                        ⑧ 35

 풀이

① (각 ㄱㄹㄷ)=(각 ㄷㄴㄱ)=90°
　➡ (각 ㄱㄷㄹ)=180°−20°−90°=70°

② (각 ㄴㄱㄷ)=(각 ㄹㄷㄱ)=50°

③ (각 ㄱㄹㄷ)=(각 ㄷㄴㄱ)=40°
　➡ (각 ㄷㄱㄹ)=180°−74°−40°=66°

④ (각 ㄴㄷㄹ)=(각 ㄹㄱㄴ)=55°
　➡ (각 ㄴㄹㄷ)=180°−90°−55°=35°

⑤ (각 ㄴㄷㄹ)=(각 ㅁㅂㄱ)=45°
　➡ (각 ㄷㄴㅁ)=360°−45°−90°−90°=135°

⑥ (각 ㄴㅁㅂ)=(각 ㅁㄴㄷ)=60°
　➡ (각 ㄴㄱㅂ)=360°−120°−60°−60°=120°

⑦ (각 ㄴㄱㅂ)=(각 ㅁㄹㄷ)=90°
　(각 ㄱㅂㅁ)=(각 ㄹㄷㄴ)=130°
　➡ (각 ㄴㅁㅂ)=360°−90°−90°−130°=50°

⑧ (각 ㄱㄴㄷ)=(각 ㄹㅁㅂ)=145°
　(각 ㄴㄷㄹ)=(각 ㅁㅂㄱ)=90°
　➡ (각 ㄱㄹㄷ)=360°−90°−145°−90°=35°

## 18단계 Ⓒ

117쪽

① 6 / 56

② 6, 6 / 48　　　　③ 8, 2 / 44

④ 44 cm　　　　　⑤ 60 cm

⑥ 60 cm　　　　　⑦ 34 cm

 풀이

> ④ (5+10+7)×2=44 (cm)
>
> ⑤ (11+11+8)×2=60 (cm)
>
> ⑥ (20+10)×2=60 (cm)
>
> ⑦ (4+7+6)×2=34 (cm)

## 19단계 Ⓐ

121쪽

① 12, 3 / 36　　　　② 10, 3.1 / 31

③ 16, 3 / 48　　　　④ 15, 3.1 / 46.5

⑤ 30 cm　　　　　　⑥ 43.4 cm

⑦ 49.6 cm　　　　　⑧ 55.8 cm

 풀이

> ⑤ 5×2×3=30 (cm)
>
> ⑥ 7×2×3.1=43.4 (cm)
>
> ⑦ 8×2×3.1=49.6 (cm)
>
> ⑧ 9×2×3.1=55.8 (cm)

## 19단계 Ⓑ

122쪽

① 17

② 20　　　　　　③ 18

④ 8　　　　　　　⑤ 6

⑥ 12　　　　　　⑦ 11

 풀이

> ② 60÷3=20 (cm)
>
> ③ 54÷3=18 (cm)
>
> ④ 48÷3÷2=8 (cm)
>
> ⑤ 36÷3÷2=6 (cm)
>
> ⑥ 72÷3÷2=12 (cm)
>
> ⑦ 66÷3÷2=11 (cm)

## 18단계 도전! 땅 짚고 헤엄치는 활용 문제

118쪽

① 70°　　　② 80°　　　③ 100°

 풀이

> ① 각 ㄱㄴㄷ의 대응각은 각 ㄹㅁㅂ이므로 70°입니다.
>
> ② 180°−30°−70°=80°
>
> ③ 180°−80°=100°

① 45 / 8    ② 30 / 4

③ 24 / 9    ④ 33 / 5

⑤ 96 / 5    ⑥ 144 / 4

 풀이

① 30×3.14=94.2 (cm)

② 30×2×3.1=186 (cm)

③ (지름)=310÷3.1=100 (cm)
　(반지름)=100÷2=50 (cm)

④ (도형의 둘레)=(원주의 $\frac{1}{2}$)+(원의 지름)
　　　　　　=14×3÷2+14
　　　　　　=21+14=35 (cm)

① 30, 20 / 50

② 18, 12 / 30    ③ 24, 16 / 40

④ 12, 16 / 28    ⑤ 15, 20 / 35

⑥ 45, 20 / 65    ⑦ 27, 12 / 39

## 20

①
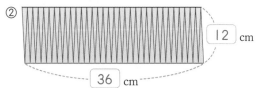
10 cm
30 cm

②
12 cm
36 cm

③
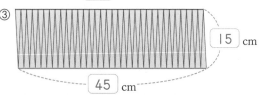
15 cm
45 cm

④
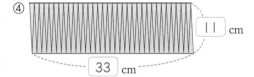
11 cm
33 cm

① 94.2 cm    ② 186 cm

③ 50 cm    ④ 35 cm

## 20단계 Ⓑ                                                              128쪽

① 3.1, 4, 4 / 49.6

② 77.5 cm²                          ③ 111.6 cm²

④ 310 cm²                           ⑤ 375.1 cm²

⑥ 251.1 cm²                         ⑦ 198.4 cm²

 풀이

> ② 3.1×5×5=77.5 (cm²)
>
> ③ 3.1×6×6=111.6 (cm²)
>
> ④ 3.1×10×10=310 (cm²)
>
> ⑤ (반지름)=22÷2=11 (cm)
> ➡ (넓이)=3.1×11×11=375.1 (cm²)
>
> ⑥ (반지름)=18÷2=9 (cm)
> ➡ (넓이)=3.1×9×9=251.1 (cm²)
>
> ⑦ (반지름)=16÷2=8 (cm)
> ➡ (넓이)=3.1×8×8=198.4 (cm²)

 풀이

> ② 192÷3=64 ➡ □×□=64, □=8
>
> ③ 300÷3=100 ➡ □×□=100, □=10
>
> ④ 108÷3=36
>    ➡ (□÷2)×(□÷2)=36, □÷2=6, □=12
>
> ⑤ 75÷3=25
>    ➡ (□÷2)×(□÷2)=25, □÷2=5, □=10
>
> ⑥ 243÷3=81
>    ➡ (□÷2)×(□÷2)=81, □÷2=9, □=18
>
> ⑦ 147÷3=49
>    ➡ (□÷2)×(□÷2)=49, □÷2=7, □=14

## 20단계 Ⓒ                                                              129쪽

① 4

② 8                                 ③ 10

④ 12                                ⑤ 10

⑥ 18                                ⑦ 14

## 20단계 도전! 땅 짚고 헤엄치는 활용 문제                                130쪽

① 108 cm²        ② 432 cm²        ③ 12 cm

 풀이

> ① 3×6×6=108 (cm²)
>
> ② 108×4=432 (cm²)
>
> ③ 원 가의 반지름을 ■ cm라 하면
>    3×■×■=432, ■×■=144, ■=12입니다.

## 21

### 21단계 Ⓐ

132쪽

① 100, 75 / 25

② 64, 24 / 40　　③ 48, 24 / 24

④ 75, 25 / 50　　⑤ 147, 98 / 49

### 21단계 Ⓑ

133쪽

① 108

② 200

③ 100, 75 / 25

④ 64, 48 / 16

### 21단계 Ⓒ

134쪽

① 60, 27 / 87

② 96, 48 / 144

③ 150, 75 / 225

④ 216, 108 / 324

### 21단계 도전! 땅 짚고 헤엄치는 활용 문제

135쪽

① 96 cm²　　　　② 54 cm², 96 cm²

③ 150 cm²　　　③ 96 cm²

 풀이

① 12×16÷2=96 (cm²)

② 3×6×6÷2=54 (cm²)
　3×8×8÷2=96 (cm²)

③ 3×10×10÷2=150 (cm²)

④ (96+54+96)−150=96 (cm²)

초등 수학 공부, 이렇게 하면 효과적!

# "펑펑 내려야 눈이 쌓이듯 공부도 집중해야 실력이 쌓인다!"

## 학교 다닐 때는? | 학기별 연산책 '바빠 교과서 연산'

'바빠 교과서 연산'부터 시작하세요. 학기별 진도에 딱 맞춘 쉬운 연산 책이니까요! 방학 동안 다음 학기 선행을 준비할 때도 '바빠 교과서 연산'으로 시작하세요! 교과서 순서대로 빠르게 공부할 수 있어, 첫 번째 수학 책으로 추천합니다.

## 시험이나 서술형 대비는? | '나 혼자 푼다! 수학 문장제'

학교 시험을 대비하고 싶다면 '나 혼자 푼다! 수학 문장제'로 공부하세요. 너무 어렵지도 쉽지도 않은 딱 적당한 난이도로, 빈칸을 채우면 풀이 과정이 완성됩니다! 막막하지 않아요~ 요즘 학교 시험 풀이 과정을 손쉽게 연습할 수 있습니다.

## 방학 때는? | 10일 완성 영역별 연산책 '바빠 연산법'

내가 부족한 영역만 골라 보충할 수 있어요! 예를 들어 5학년인데 나눗셈이 어렵다면 나눗셈만, 분수가 어렵다면 분수만 골라 훈련하세요. 방학 때나 학습 결손이 생겼을 때, 취약한 연산 구멍을 빠르게 메꿀 수 있어요!

바빠 연산 영역
: 덧셈, 뺄셈, 구구단, 시계와 시간, 길이와 시간 계산, 곱셈, 나눗셈, 약수와 배수, 분수, 소수, 자연수의 혼합 계산, 분수와 소수의 혼합 계산, 평면도형 계산, 입체도형 계산

# 초등 평면도형 계산을 한 권으로 끝낸다!
## 10일 완성! 연산력 강화 프로그램

### 바쁜 초등학생을 위한 빠른 평면도형 계산

## 알찬 교육 정보도 만나고 출판사 이벤트에도 참여하세요!

### 1. 바빠 공부단 카페
cafe.naver.com/easyispub

네이버 '바빠 공부단' 카페에서 함께 공부하세요!
정해진 기간 동안 책을 꾸준히 풀어 인증하면 다른 책 1권을 드리는 '바빠 공부단' 제도도 있어요!

### 2. 인스타그램 + 카카오 플러스 친구
@easys_edu   🔍 이지스에듀 검색!

'이지스에듀' 인스타그램을 팔로우하세요!
바빠 시리즈 출간 소식과 출판사 이벤트, 구매 혜택을 가장 먼저 알려 드려요!

바쁜 친구들이 즐거워지는 **빠른** 학습서

## 영역별 연산책 바빠 연산법
방학 때나 학습 결손이 생겼을 때~

- 바쁜 1·2학년을 위한 빠른 **덧셈**
- 바쁜 1·2학년을 위한 빠른 **뺄셈**
- 바쁜 초등학생을 위한 빠른 **구구단**
- 바쁜 초등학생을 위한 빠른 **시계와 시간**

- 바쁜 초등학생을 위한 빠른 **길이와 시간 계산**
- 바쁜 3·4학년을 위한 빠른 **덧셈/뺄셈**
- 바쁜 3·4학년을 위한 빠른 **곱셈**
- 바쁜 3·4학년을 위한 빠른 **나눗셈**
- 바쁜 3·4학년을 위한 빠른 **분수**
- 바쁜 3·4학년을 위한 빠른 **소수**
- 바쁜 3·4학년을 위한 빠른 **방정식**

- 바쁜 5·6학년을 위한 빠른 **곱셈**
- 바쁜 5·6학년을 위한 빠른 **나눗셈**
- 바쁜 5·6학년을 위한 빠른 **분수**
- 바쁜 5·6학년을 위한 빠른 **소수**
- 바쁜 5·6학년을 위한 빠른 **방정식**
- 바쁜 초등학생을 위한 빠른 **약수와 배수, 평면도형 계산, 입체도형 계산, 자연수의 혼합 계산, 분수와 소수의 혼합 계산, 비와 비례, 확률과 통계**

## 바빠 국어/ 급수한자
초등 교과서 필수 어휘와 문해력 완성!

- 바쁜 초등학생을 위한 빠른 **맞춤법 1**
- 바쁜 초등학생을 위한 빠른 **급수한자 8급**
- 바쁜 초등학생을 위한 빠른 **독해 1, 2**

- 바쁜 초등학생을 위한 빠른 **독해 3, 4**
- 바쁜 초등학생을 위한 빠른 **맞춤법 2**
- 바쁜 초등학생을 위한 빠른 **급수한자 7급 1, 2**

- 바쁜 초등학생을 위한 빠른 **급수한자 6급 1, 2, 3**
- 보일락 말락~ 바빠 급수한자판 + 6·7·8급 모의시험

- 바빠 급수 시험과 어휘력 잡는 **초등 한자 총정리**
- 바쁜 초등학생을 위한 빠른 **독해 5, 6**

## 바빠 영어
우리 집, 방학 특강 교재로 인기 최고!

- 바쁜 초등학생을 위한 빠른 **알파벳 쓰기**
- 바쁜 초등학생을 위한 빠른 **영단어 스타터 1, 2**
- 바쁜 초등학생을 위한 빠른 **사이트 워드 1, 2**
- 바쁜 초등학생을 위한 빠른 **파닉스 1, 2**

- 전 세계 어린이들이 가장 많이 읽는 **영어동화 100편 : 명작/과학/위인동화**
- 바빠 초등 영단어 — 3·4학년용
- 바쁜 3·4학년을 위한 빠른 **영문법 1, 2**
- 바빠 초등 필수 **영단어**
- 바빠 초등 필수 **영단어 트레이닝**
- 바빠 초등 **영어 교과서 필수 표현**
- 바빠 초등 **영어 일기 쓰기**
- 바빠 초등 **영어 리딩 1, 2**

- 바빠 초등 **영단어 — 5·6학년용**
- 바빠 초등 **영문법 — 5·6학년용 1, 2, 3**
- 바빠 초등 **영어시제 특강 — 5·6학년용**
- 바빠 초등 **문장의 5형식 영작문**
- 바빠 초등 **하루 5문장 영어 글쓰기 1, 2**

# 빈칸을 채우면 풀이가 완성된다! – 서술형 기본서
# 나 혼자 푼다! 수학 문장제

60점 맞던 아이가 이 책으로 공부하고 단원평가 100점을 맞았어요!

– 공부방 선생님이 보내 준 후기 중

1학년 1학기~6학년 2학기 학기별 출간!

단계별 풀이 과정 훈련!
막막했던 풀이 과정을
손쉽게 익혀요!

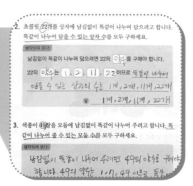

## 교과서 대표 문장제부터 차근차근 집중 훈련!

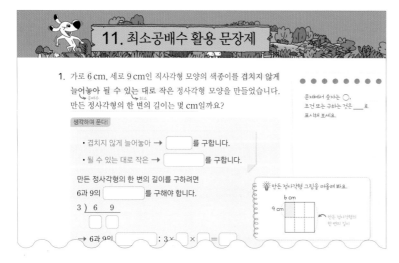

막막하지 않아요!
빈칸을 채우면 풀이와 답 완성!